变电站设备竣工验收技术监督检查指导书

国网辽宁省电力有限公司　组编

中国电力出版社
CHINA ELECTRIC POWER PRESS

内 容 提 要

本书共分 14 个章节，结合电力行业最新的标准及规程，对变压器、断路器、组合电器、隔离开关、电流互感器、电压互感器、避雷器、接地装置、电容器、干式电抗器、母线及绝缘子、消弧线圈、端子箱和电缆设备的监督项目、项目权重、监督标准、监督依据、监督方式等内容进行详细说明，以表格的形式列明所有检查要点以及注意事项，能够切实提高竣工验收阶段技术监督工作水平，推进技术监督工作标准化、规范化执行。

本书可供运检专业参与竣工验收的技术人员阅读使用。

图书在版编目（CIP）数据

变电站设备竣工验收技术监督检查指导书/国网辽宁省电力有限公司组
编．—北京：中国电力出版社，2020.6
ISBN 978-7-5198-4498-1

Ⅰ．①变… Ⅱ．①国… Ⅲ．①变电所－电气设备－工程验收－监督管
理－中国 Ⅳ．①TM63

中国版本图书馆 CIP 数据核字（2020）第 054991 号

出版发行：中国电力出版社
地 址：北京市东城区北京站西街 19 号
邮政编码：100005
网 址：http://www.cepp.sgcc.com.cn
责任编辑：穆智勇（zhiyong-mu@sgcc.com.cn）
责任校对：黄 蓓 朱丽芳
装帧设计：张俊霞
责任印制：石 雷

印 刷：三河市百盛印装有限公司
版 次：2020 年 6 月第一版
印 次：2020 年 6 月北京第一次印刷
开 本：787 毫米×1092 毫米 横 16 开本
印 张：8.25
字 数：186 千字
印 数：0001—1500 册
定 价：33.00 元

编　委　会

主　任　袁骏

副主任　王鹏举

主　编　张涛

副主编　赵东旭　陈瑞国　王汀　刘一涛　栗罡　李胜川　韩洪刚　蒋苏南

参　编　毕海涛　朱义东　鲁旭臣　金鑫　韦德福　张新宇　李冠华　郭铁

杨鹤　陈浩　崔巨勇　黄珂　郎业兴　郑维刚　刘佳鑫　刘旸

包蕊　马一菱　李爽　周榆晓　唐红　唐佳能　宋云东　赵军

孙艳鹤　朱思彤　何建营　陈蓉　崔迪　曲直　张志国　王磊

刘晓龙　王照华　刘瑞　李学斌　周桂平　赵会　朱远达　季彦辰

赵泓博　伊永飞　于明浩　徐凯　苑经纬　胡大伟　田野　赵振威

高楠楠　吴传玺　刘焕然　范厚阳　陈立东　张华　王飞鸣　陈浩然

张肃　徐浩然　徐明虎

前 言 ""

  随着社会经济的飞速发展和电力技术水平的日益提高，电力系统成为各行各业不可或缺的纽带。变电站是电力系统中的重要环节，变电站设备直接影响电能质量和电网安全，因此对变电站设备开展竣工验收技术监督检查是确保变电站设备投运后能够长期安全稳定运行的重要保障措施。

  本书旨在明确变电设备竣工验收关键质量把控点，提升竣工验收监督效率，使参与 66～500kV 变电工程竣工验收人员能够从基础上全面掌握设备验收关键点及内容，明确竣工验收阶段技术监督工作内容，不断提高输变电工程投产前技术监督工作水平，进而有效保障变电站设备安全投运。

  本书结合电力行业最新的标准及规程，对变压器、断路器、组合电器、隔离开关、电流互感器、电压互感器、避雷器、接地装置、电容器、干式电抗器、母线及绝缘子、消弧线圈、端子箱和电缆 14 类设备的监督项目、项目权重、监督标准、监督依据、监督方式等内容进行详细说明，以表格的形式列明所有检查要点以及注意事项，切实提高竣工验收阶段技术监督工作水平，推进技术监督工作标准化、规范化执行。

  本书由辽宁省电力有限公司组织编制，并得到江苏省电力有限公司、安徽省电力有限公司热情帮助和大力支持，在此一并致谢。

  因时间和编者水平所限，书中错误和不妥之处在所难免，敬请同行专家和广大读者批评指正，我们将不胜感激。

编　者

2020 年 2 月

目 录

1 变压器检查

序号	监督项目	权重	监 督 标 准	监 督 依 据	监督方式	是否合格	监督问题说明
1.1 本体和组部件检查							
1.1.1	本体外观检查	I	表面干净，无脱漆锈蚀，无变形，密封良好，无渗漏，标志正确、完整，放气塞紧固	《国家电网公司变电验收管理规定（试行）》	现场检查	□是　□否	
1.1.2	铭牌	I	设备出厂铭牌齐全、参数正确，铭牌固定在明显可见的位置	《国家电网公司变电验收管理规定（试行）》	现场检查	□是　□否	
1.1.3	相序	I	相序标志清晰正确	《国家电网公司变电验收管理规定（试行）》	现场检查	□是　□否	
1.1.4	套管外观检查	III	①瓷套表面无裂纹，清洁，无损伤，注油塞和放气塞紧固，无渗漏油	《国家电网公司变电验收管理规定（试行）》	现场检查	□是　□否	
		II	②油位计就地指示应清晰，便于观察，油位正常，油套管垂直安装油位在 1/2 以上（非满油位）；倾斜 15°安装应高于 2/3 至满油位	《国家电网公司变电验收管理规定（试行）》	现场检查	□是　□否	
		III	③220kV 及以下主变压器的 10kV 中（低）压侧引线、户外母线（不含架空软导线型式）及接线端子应绝缘化；500kV 变压器 66kV 套管至母线的引线应绝缘化	《国家电网公司十八项电网重大反事故措施（2018 年修订版）》	现场检查	□是　□否	
		I	④相序标志正确、醒目；套管油位指示计朝向一致、便于观察	《国家电网公司变电验收管理规定（试行）》	现场检查	□是　□否	
		III	⑤66kV 及以上电压等级变压器套管接线端子（抱箍线夹）应采用以铜合金制造的金具，其铜含量应不低于 80%。禁止采用黄铜材质或铸造成型的抱箍线夹	《国家电网公司十八项电网重大反事故措施（2018 年修订版）》《电力金具通用技术条件》（GB/T 2314—2008）	现场检查、资料检查	□是　□否	

续表

序号	监督项目	权重	监督标准	监督依据	监督方式	是否合格	监督问题说明
1.1.4	套管外观检查	III	⑥套管均压环应采用单独的紧固螺栓，禁止紧固螺栓与密封螺栓共用	《国家电网公司十八项电网重大反事故措施（2018年修订版）》	现场检查	□是　□否	
1.1.5	套管末屏检查	II	套管末屏密封良好，接地可靠	《国家电网公司变电验收管理规定（试行）》	现场检查	□是　□否	
1.1.6	套管升高座	II	法兰连接紧固、放气塞紧固	《国家电网公司变电验收管理规定（试行）》	现场检查	□是　□否	
1.1.7	套管 TA 二次接线盒	I	密封良好	《国家电网公司变电验收管理规定（试行）》	现场检查	□是　□否	
1.1.8	套管引出线安装	II	不采用铜铝对接过渡线夹，引线接触良好、连接可靠，引线无散股、扭曲、断股现象	《国家电网公司变电验收管理规定（试行）》	现场检查	□是　□否	
1.1.9	低压电缆连接	III	变压器中、低压侧至配电装置采用电缆连接时，应采用单芯电缆	《国家电网公司十八项电网重大反事故措施（2018年修订版）》	现场检查	□是　□否	
1.1.10	无励磁分接开关	II	①顶盖、操动机构挡位指示一致	《国家电网公司变电验收管理规定（试行）》	现场检查	□是　□否	
		II	②分接开关切换后需进行变比、直流电阻测试	《国家电网公司变电验收管理规定（试行）》	现场检查、资料检查	□是　□否	
1.1.11	有载分接开关	III	①本体指示、操动机构指示以及远方指示应一致	《国家电网公司变电验收管理规定（试行）》	现场检查	□是　□否	
		II	②操作无卡涩，联锁、限位、连接校验正确，操作可靠。机械联动、电气联动的同步性能应符合制造厂要求，远方、就地及手动、电动均进行操作检查	《国家电网公司变电验收管理规定（试行）》	现场检查	□是　□否	
		III	③有载开关储油柜（俗称油枕）油位正常	《国家电网公司变电验收管理规定（试行）》	现场检查	□是　□否	
		I	④有载开关防爆膜处应有明显防踩踏的提示标志	《国家电网公司变电验收管理规定（试行）》	现场检查	□是　□否	

续表

序号	监督项目	权重	监督标准	监督依据	监督方式	是否合格	监督问题说明
1.1.11	有载分接开关	III	⑤真空注油后应及时拆除有载分接开关的旁通管或关闭旁通管阀门，保证正常运行时变压器本体与开关油室不导通	《国家电网公司十八项电网重大反事故措施（2018年修订版）》	现场检查	□是　□否	
1.1.12	储油柜外观检查	III	外观完好，部件齐全，各联管清洁，无渗漏、污垢和锈蚀	《国家电网公司变电验收管理规定（试行）》	现场检查	□是　□否	
1.1.13	储油柜旁通阀	II	阀门处于关闭状态	《国家电网公司变电验收管理规定（试行）》	现场检查	□是　□否	
1.1.14	气体继电器	IV	①220kV及以上变压器本体应采用双浮球并带挡板结构的气体继电器	《国家电网公司十八项电网重大反事故措施（2018年修订版）》	现场检查、资料检查	□是　□否	
		III	②气体继电器在交接时应进行校验	《国家电网公司十八项电网重大反事故措施（2018年修订版）》	资料检查	□是　□否	
		III	③气体继电器沿气流方向有1%～1.5%的升高坡度	《变压器全过程技术监督精益化实施细则》	现场检查、资料检查	□是　□否	
1.1.15	波纹管	III	冷却器与本体、气体继电器与储油柜之间连接的波纹管，两端口同心偏差不应大于10mm	《国家电网公司十八项电网重大反事故措施（2018年修订版）》	现场检查、资料检查	□是　□否	
1.1.16	断流阀	II	安装位置正确，密封良好，性能可靠，投运前处于运行位置	《国家电网公司变电验收管理规定（试行）》	现场检查	□是　□否	
1.1.17	油位计	II	反映真实油位，油位符合油温油位曲线要求，油位清晰可见，便于观察	《国家电网公司变电验收管理规定（试行）》	现场检查	□是　□否	
1.1.18	呼吸器外观	II	密封良好，无裂纹，吸湿剂干燥、自上而下无变色，在顶盖下应留出1/5～1/6高度的空隙，在2/3位置处应有标示	《国家电网公司变电验收管理规定（试行）》	现场检查	□是　□否	
1.1.19	呼吸器油封油位	II	油量适中，在最低刻度与最高刻度之间，呼吸正常	《国家电网公司变电验收管理规定（试行）》	现场检查	□是　□否	

序号	监督项目	权重	监督标准	监督依据	监督方式	是否合格	监督问题说明
1.1.20	呼吸器连通管	I	清洁、无锈蚀	《国家电网公司变电验收管理规定（试行）》	现场检查	□是 □否	
1.1.21	潜油泵	III	清洁、无渗漏，运转平稳，转向正确，新订购强迫油循环变压器应选用转速不大于 1500r/min 的低速盘式潜油泵，禁止使用无铭牌、无级别轴承的潜油泵	《国家电网公司变电验收管理规定（试行）》《国家电网公司十八项电网重大反事故措施（2018 年修订版）》	现场检查、资料检查	□是 □否	
1.1.22	所有法兰连接	II	连接螺栓紧固，端面平整，无渗漏	《国家电网公司变电验收管理规定（试行）》	现场检查	□是 □否	
1.1.23	风扇	I	安装牢固，转向正确，叶片无变形	《国家电网公司变电验收管理规定（试行）》	现场检查	□是 □否	
1.1.24	阀门	I	开闭位置有清晰指示并指示正确，阀门接合处无渗漏油现象	《国家电网公司变电验收管理规定（试行）》	现场检查	□是 □否	
1.1.25	冷却器两路电源	II	两路电源任意一相缺相，断相保护均能正确动作，两路电源相互独立、互为备用	《国家电网公司变电验收管理规定（试行）》	现场检查、资料检查	□是 □否	
1.1.26	风冷控制系统动作校验	II	动作校验正确	《国家电网公司变电验收管理规定（试行）》	现场检查、资料检查	□是 □否	
1.1.27	温度计校验	II	校验合格	《国家电网公司变电验收管理规定（试行）》	现场检查、资料检查	□是 □否	
1.1.28	温度计温度指示	II	现场多个温度计指示的温度、控制室温度显示装置或监控系统的温度应基本保持一致，误差不超过 5K	《国家电网公司变电验收管理规定（试行）》	现场检查	□是 □否	
1.1.29	温度计密封	II	密封良好、无凝露，温度计应具备良好的防雨措施，本体及二次电缆进线 50mm 应被遮蔽，45° 向下雨水不能直淋	《国家电网公司变电验收管理规定（试行）》	现场检查	□是 □否	
1.1.30	温度计金属软管	II	不宜过长，固定良好，无破损变形、死弯，弯曲半径≥50mm	《国家电网公司变电验收管理规定（试行）》	现场检查	□是 □否	

序号	监督项目	权重	监 督 标 准	监 督 依 据	监督方式	是否合格	监督问题说明
1.1.31	接地装置	II	①变压器本体应有两根与地网主网格的不同边连接的接地引下线	《电气装置安装工程 电力变压器、油浸电抗器、互感器施工及验收规范》（GB 50148—2010）	现场检查	□是 □否	
		III	②铁心、夹件分别引出接地的变压器，应将接地引线引至便于测量的适当位置，并分别标识清楚	《国家电网公司十八项电网重大反事故措施（2018年修订版）》	现场检查	□是 □否	
		I	③本体及附件的所有对接法兰都应用等电位跨接线（片）连接	《国家电网公司变电专业精益化管理评价细则》（国家电网运检〔2015〕224号）	现场检查	□是 □否	
		III	④变压器中性点应有两根与地网主网格的不同边连接的接地引下线，并且每根接地引下线均应符合热稳定校核的要求	《国家电网公司十八项电网重大反事故措施（2018年修订版）》	现场检查	□是 □否	
1.1.32	冷却装置调试	II	①油流继电器指示正确，潜油泵转向正确，无异常噪声、振动或过热现象。油泵密封良好，无渗油或进气现象	《电气装置安装工程 电力变压器、油浸电抗器、互感器施工及验收规范》（GB 50148—2010）	现场检查	□是 □否	
		III	②强油循环冷却系统的两个独立电源应能自动切换，有关信号装置应齐全可靠	《国家电网公司十八项电网重大反事故措施（2018年修订版）》	现场检查	□是 □否	
		III	③强迫油循环结构的潜油泵启动应逐台启用，延时间隔应在30s以上	《国家电网公司十八项电网重大反事故措施（2018年修订版）》	现场检查	□是 □否	
1.1.33	油色谱在线监测装置	II	①应接入PMS系统	《国家电网公司变电专业精益化管理评价细则》（国家电网运检〔2015〕224号）	现场检查	□是 □否	
		II	②应运行正常（无渗漏油、欠压现象），数据上传准确	《国家电网公司变电专业精益化管理评价细则》（国家电网运检〔2015〕224号）	现场检查	□是 □否	

序号	监督项目	权重	监 督 标 准	监 督 依 据	监督方式	是否合格	监督问题说明
1.1.33	油色谱在线监测装置	II	③数据上传周期设定应符合要求	《国家电网公司变电专业精益化管理评价细则》（国家电网运检〔2015〕224 号）	现场检查、资料检查	□是　□否	
		II	④应具备独立电源	《国家电网公司变电专业精益化管理评价细则》（国家电网运检〔2015〕224 号）	现场检查	□是　□否	
1.1.34	防雨措施	III	户外布置变压器的气体继电器、油流速动继电器、温度计、油位表应加装防雨罩，并加强与其相连的二次电缆结合部的防雨措施；二次电缆应采取防止雨水顺电缆倒灌的措施（如反水弯）	《国家电网公司十八项电网重大反事故措施（2018 年修订版）》	现场检查	□是　□否	
1.1.35	消防检查	II	①变电站（换流站）单台容量为 125MVA 及以上的油浸式变压器应设置固定自动灭火系统；地下变电站的所有油浸式变压器处应设置固定自动灭火系统	《电力设备典型消防规程》（DL 5027—2015）	现场检查	□是　□否	
		IV	②固定自动灭火系统控制装置和启动回路的控制元件的抗电磁干扰能力应通过国家 EMC 认证	《变压器固定自动灭火系统完善化改造原则》	资料检查	□是　□否	
		II	③现场装置明显处应有手动操作步骤说明，各功能按钮、操作把手应标识明晰。在经常有人通过的地方，须另加防护措施	《变压器固定自动灭火系统完善化改造原则》	现场检查	□是　□否	
		II	④泡沫喷雾系统应同时具备自动、手动和应急机械手动启动方式	《泡沫灭火系统设计规范》（GB 50151—2010）	现场检查	□是　□否	
		III	⑤泡沫灭火剂的灭火性能级别应为 I 级，抗烧水平不应低于 C 级	《泡沫灭火系统设计规范》（GB 50151—2010）	资料检查	□是　□否	
		II	⑥泡沫灭火系统湿式供液管道应选用不锈钢管	《泡沫灭火系统设计规范》（GB 50151—2010）	现场检查	□是　□否	

续表

序号	监督项目	权重	监督标准	监督依据	监督方式	是否合格	监督问题说明
1.1.35	消防检查	II	⑦泡沫灭火系统所有与泡沫液或泡沫混合液直接接触的零部件都应采用铜合金或耐腐蚀性能相类似的等同材料制造	《泡沫灭火系统及部件通用技术条件》（GB20031—2005）	现场检查、资料检查	□是　□否	
		II	⑧泡沫灭火系统电源指示、装置启动指示、火灾报警指示、氮气瓶压力报警、泡沫罐漏液报警、维修锁定信号应接入变电站监控系统	《变压器固定自动灭火系统完善化改造原则》	现场检查	□是　□否	
		II	⑨排油注氮灭火系统的消防控制柜应有自动、手动启动和远程启动灭火装置功能。自动状态、手动状态应有明显标志并可相互转换	《变压器排油注氮灭火装置》（GA 835—2009）	现场检查	□是　□否	
		II	⑩排油注氮灭火系统火灾探测器应采用玻璃球型火灾探测装置和易熔合金型火灾探测器	《变压器排油注氮灭火装置》（GA 835—2009）	现场检查	□是　□否	
		II	⑪排油注氮灭火系统设置在室外的消防柜应有可靠的防水、防冻及防晒措施。当工作环境相对湿度大于85%时，消防柜中应设置除湿装置	《变压器固定自动灭火系统完善化改造原则》	现场检查	□是　□否	
		II	⑫断流阀应带有能直接观察阀门启闭状况的监视窗，具有手动复位装置	《变压器固定自动灭火系统完善化改造原则》	现场检查	□是　□否	
		II	⑬排油注氮灭火系统氮气驱动装置不应采用电爆型驱动装置	《变压器固定自动灭火系统完善化改造原则》	现场检查	□是　□否	
		III	⑭排油注氮灭火系统的变压器应采用具有联动功能的双浮球结构气体继电器	《国家电网公司十八项电网重大反事故措施（2018年修订版）》	现场检查	□是　□否	
		II	⑮排油注氮灭火系统排油阀或排油管路上应设置排油信号反馈装置，在油气隔离装置前端的注氮管路上应设置注氮信号反馈装置	《油浸变压器排油注氮消防系统设计、施工及验收规范》（DB43/T 420—2008）	现场检查	□是　□否	
		II	⑯排油注氮灭火系统排油阀下部的排油管路上应设置漏油观测及漏油报警装置	《油浸变压器排油注氮消防系统设计、施工及验收规范》（DB43/T 420—2008）	现场检查	□是　□否	

序号	监督项目	权重	监 督 标 准	监 督 依 据	监督方式	是否合格	监督问题说明
1.1.35	消防检查	II	⑰排油注氮灭火系统的注氮阀与排油阀间应设有机械联锁阀门	《变压器固定自动灭火系统完善化改造原则》	现场检查	□是 □否	
		III	⑱排油注氮保护装置应满足以下要求： 1）排油注氮启动（触发）功率应大于220V、5A（DC）；2）排油及注氮阀动作线圈功率应大于220V、6A（DC）；3）注氮阀与排油阀间应设有机械连锁阀门；4）排油注氮灭火系统自动启动条件改造原则是排油注氮灭火系统应具有防爆自动启动、灭火自动启动方式。其中，防爆自动启动应同时满足以下3个条件：压力释放阀或速动油压继电器动作；气体继电器发重瓦斯信号；主变压器断路器跳闸。 2）灭火自动启动应同时满足以下3个条件：至少2个独立回路的火灾探测器发信号；气体继电器重瓦斯信号；主变压器断路器跳闸	《国家电网公司十八项电网重大反事故措施（2018年修订版）》	现场检查、资料检查	□是 □否	
		II	⑲排油注氮灭火系统的注氮管路应设置能够排出泄漏氮气的排气组件，防止氮气泄漏进入变压器本体导致轻瓦斯频繁动作	《油浸变压器排油注氮消防系统设计、施工及验收规范》（DB43/T 420—2008）	现场检查	□是 □否	
		II	⑳排油注氮灭火系统的电源指示、装置启动指示、火灾报警指示、氮气瓶压力报警、氮气释放阀位置、断流阀动作信号、排油阀位置、漏油报警、检修锁定信号应接入变电站监控系统	《变压器排油注氮灭火装置》（GA 835—2009）	现场检查	□是 □否	
		III	㉑泡沫喷雾自动灭火系统自动启动应同时满足以下2个条件： 1）火灾探测器发信号。 2）主变压器断路器跳闸	《变压器固定自动灭火系统完善化改造原则》	资料检查	□是 □否	
		II	㉒泡沫喷雾灭火消防系统： 1）泡沫雾喷头应布置在变压器的周围，不宜布置在变压器的顶部	《国家电网公司输变电工程施工工艺标准库》	现场检查	□是 □否	

序号	监督项目	权重	监 督 标 准	监 督 依 据	监督方式	是否合格	监督问题说明
1.1.35	消防检查	II	2）保护变压器顶部的泡沫不应直接喷向高压套管。 3）应保证泡沫灭火系统管道对变压器带电部分的安全距离。 4）温度感应线应主要缠绕在变压器上部，特别是升高座位置，并与被测物体接触良好	《国家电网公司输变电工程施工工艺标准库》	现场检查	□是　□否	
		II	②固定灭火系统验收时，应具备以下文件，并应有电子备份档案，永久储存：验收合格文件、调试记录、系统工作流程图、系统及主要组件的使用和维护说明书	《变压器固定自动灭火系统完善化改造原则》	资料检查	□是　□否	
1.1.36	事故放油阀	II	事故放油阀的放油口朝下	《国家电网公司变电验收管理规定（试行）》	现场检查	□是　□否	
1.1.37	压力释放阀	III	①压力释放阀安全管道将油导至离地面500mm高处，喷口朝向鹅卵石，并且不应靠近控制柜或其他附件	《国家电网公司变电验收管理规定（试行）》	现场检查	□是　□否	
		II	②压力释放阀在交接时应进行校验	《国家电网公司十八项电网重大反事故措施（2018年修订版）》	资料检查	□是　□否	
1.2　交接试验检查							
1.2.1	试验条件	III	当变压器油温低于5℃时，不应进行变压器绝缘试验，如需试验应对变压器进行加温（如热油循环等）	《国家电网公司十八项电网重大反事故措施（2018年修订版）》	资料检查	□是　□否	
1.2.2	绕组连同套管的长时感应电压试验带局部放电试验	IV	①66kV 及以上电压等级的变压器在新安装时应进行现场局部放电试验	《国家电网公司十八项电网重大反事故措施（2018年修订版）》	资料检查	□是　□否	
		IV	②66kV 电压等级变压器高压端的局部放电量不大于 100pC；220～500kV 电压等级变压器高压端的局部放电量不大于100pC，中压端的局部放电量不大于200pC	《国家电网公司十八项电网重大反事故措施（2018年修订版）》	资料检查	□是　□否	

序号	监督项目	权重	监 督 标 准	监 督 依 据	监督方式	是否合格	监督问题说明
1.2.2	绕组连同套管的长时感应电压试验带局部放电试验	II	③局部放电测量前后本体绝缘油色谱试验比对结果应合格	《电气装置安装工程 电力变压器、油浸电抗器、互感器施工及验收规范》（GB 50148—2010）	资料检查	□是 □否	
1.2.3	分接开关测试	II	在变压器无电压下，手动操作不少于 2 个循环、电动操作不少于 5 个循环。其中电动操作时电源电压为额定电压的 85% 及以上。操作无卡涩，联动程序、电气和机械限位正常	《电气装置安装工程 电气设备交接试验标准》（GB 50150—2016）	现场检查	□是 □否	
1.2.4	绝缘油静置时间	III	变压器注油（热油循环）完毕后，在施加电压前，应进行静置。66kV 及以下变压器静置时间不少于 24h，220kV 变压器不少于 48h，500kV 变压器不少于 72h	《电气装置安装工程 电力变压器、油浸电抗器、互感器施工及验收规范》（GB 50148—2010）	资料检查	□是 □否	
1.2.5	绝缘油试验	II	①应在注油静置后、耐压和局部放电试验 24h 后、冲击合闸及额定电压下运行 24h 后，各进行一次本体绝缘油的油中溶解气体色谱分析	《电气装置安装工程 电气设备交接试验标准》（GB 50150—2016）	资料检查	□是 □否	
		II	②油中气体含量应符合以下标准：500kV 及以上，氢气小于 10μL/L、乙炔小于 0.1μL/L、总烃小于 10μL/L。220kV 及以下，氢气小于 30μL/L、乙炔小于 0.1μL/L、总烃小于 20μL/L	《变压器油中溶解气体分析和判断导则》（DL/T 722—2014）	资料检查	□是 □否	
		II	③准备注入变压器、电抗器的新油应按要求开展简化分析	《电气装置安装工程 电气设备交接试验标准》（GB 50150—2016）	资料检查	□是 □否	
1.2.6	绕组变形试验	III	①66kV 及以上变压器应分别采用低电压短路阻抗法、频率响应法进行该项试验	《电气装置安装工程 电气设备交接试验标准》（GB 50150—2016）	资料检查	□是 □否	
		III	②容量 100MVA 及以下且电压 220kV 以下变压器，低电压短路阻抗值与出厂值相比偏差不大于 ±2%，相间偏差不大于 ±2.5%；容量 100MVA 以上或电压 220kV 及以上变压器，低电压短路阻抗值与出厂值相比偏差不大于 ±1.6%，相间偏差	《电气装置安装工程 电气设备交接试验标准》（GB 50150—2016）	资料检查	□是 □否	

续表

序号	监督项目	权重	监督标准	监督依据	监督方式	是否合格	监督问题说明
1.2.6	绕组变形试验	III	不大于±2.0%。绕组频响曲线的各个波峰、波谷点所对应的幅值及频率与出厂试验值基本一致，且三相结果相比无明显差别	《电气装置安装工程 电气设备交接试验标准》（GB 50150—2016）	资料检查	□是 □否	
1.2.7	绕组连同套管的绝缘电阻、吸收比或极化指数测量	II	①绝缘电阻值不低于产品出厂试验值的 70% 或不低于 10000MΩ（20℃），吸收比（R_{60}/R_{15}）不小于 1.3，或极化指数（R_{600}/R_{60}）不应小于 1.5（10～40℃时），同时换算至出厂同一温度进行比较	《电气装置安装工程 电气设备交接试验标准》（GB 50150—2016）	资料检查	□是 □否	
		II	②吸收比、极化指数与出厂值相比无明显变化	《电气装置安装工程 电气设备交接试验标准》（GB 50150—2016）	资料检查	□是 □否	
		II	③66kV 变压器 R_{60} 大于 3000MΩ（20℃），吸收比不做考核要求，220kV 及以上 R_{60} 大于 10000MΩ（20℃）时，极化指数可不做考核要求	《电气装置安装工程 电气设备交接试验标准》（GB 50150—2016）	资料检查	□是 □否	
1.2.8	铁心及夹件绝缘电阻测量	II	采用 2500V 绝缘电阻表测量，持续时间 1min，绝缘电阻值不小于1000MΩ,应无闪络及击穿现象	《电气装置安装工程 电气设备交接试验标准》（GB 50150—2016）	资料检查	□是 □否	
1.2.9	套管绝缘电阻	II	主绝缘对地绝缘电阻不小于 10000MΩ，末屏对地绝缘电阻不小于1000MΩ	《电气装置安装工程 电气设备交接试验标准》（GB 50150—2016）	资料检查	□是 □否	
1.2.10	绕组连同套管的介质损耗、电容量测量	III	①被测绕组的 tanδ 值不宜大于产品出厂试验值的 130%，当大于 130%时，可结合其他绝缘试验结果综合分析判断	《电气装置安装工程 电气设备交接试验标准》（GB 50150—2016）	资料检查	□是 □否	
		III	②换算至同一温度进行比较。20℃时介质损耗因数要求：500kV 及以上，tanδ≤0.5%；66～220kV，tanδ≤0.8%；66kV 及以下≤1.5%	《电气装置安装工程 电气设备交接试验标准》（GB 50150—2016）	资料检查	□是 □否	
		III	③绕组电容量与出厂试验值相比，其差值在±5%范围内	《电气装置安装工程 电气设备交接试验标准》（GB 50150—2016）	资料检查	□是 □否	

续表

序号	监督项目	权重	监督标准	监督依据	监督方式	是否合格	监督问题说明
1.2.11	套管中的电流互感器试验	II	①各绕组比差和角差应与出厂试验结果相符	《电气装置安装工程 电气设备交接试验标准》（GB 50150—2016）	资料检查	□是 □否	
		II	②校核工频下的励磁特性，应满足继电保护要求，与制造厂提供的励磁特性应无明显差别	《电气装置安装工程 电气设备交接试验标准》（GB 50150—2016）	资料检查	□是 □否	
		II	③各二次绕组间及其对外壳的绝缘电阻不宜低于 1000MΩ。端子箱内 TA 二次回路绝缘电阻大于 1MΩ	《电气装置安装工程 电气设备交接试验标准》（GB 50150—2016）	资料检查	□是 □否	
		I	④二次端子极性与接线应与铭牌标志相符	《电气装置安装工程 电气设备交接试验标准》（GB 50150—2016）	资料检查	□是 □否	
		II	⑤电流互感器变比、直流电阻试验合格	《电气装置安装工程 电气设备交接试验标准》（GB 50150—2016）	资料检查	□是 □否	
1.2.12	非纯瓷套管的试验	III	①电容型套管的介质损耗与出厂值相比无明显变化，电容量与产品铭牌数值或出厂试验值相比，其差值在±5%范围内	《电气装置安装工程 电气设备交接试验标准》（GB 50150—2016）	资料检查	□是 □否	
		III	②介质损耗因数符合：500kV 及以上，$\tan\delta \leqslant$ 0.5%；其他油浸纸，$\tan\delta \leqslant$0.7%；胶浸纸，≤0.7%	《电气装置安装工程 电气设备交接试验标准》（GB 50150—2016）	资料检查	□是 □否	
1.2.13	绕组连同套管的直流电阻测量	II	①测量应在各分接头的所有位置进行，且在同一温度下	《电气装置安装工程 电气设备交接试验标准》（GB 50150—2016）	资料检查	□是 □否	
		II	②1600kVA 及以下容量三相变压器，各相测得值的相互差应小于平均值的 4%，线间测得值的相互差应小于平均值的 2%。1600kVA 以上容量三相变压器，各相测得值的相互差应小于平均值的 2%，线间测得值的相互差应小于平均值的 1%	《电气装置安装工程 电气设备交接试验标准》（GB 50150—2016）	资料检查	□是 □否	
		II	③与出厂实测值比较，变化量不应大于 2%	《电气装置安装工程 电气设备交接试验标准》（GB 50150—2016）	资料检查	□是 □否	

序号	监督项目	权重	监督标准	监督依据	监督方式	是否合格	监督问题说明
1.2.14	有载调压切换装置的检查和试验	II	应进行有载调压切换装置切换特性试验,检查全部动作顺序,过渡电阻阻值、三相同步偏差、切换时间等符合厂家技术要求	《电气装置安装工程 电气设备交接试验标准》(GB 50150—2016)	资料检查	□是 □否	
1.2.15	所有分接位置的电压比检查	II	额定分接头电压比误差不大于±0.5%,其他电压分接比误差不大于±1%,与制造厂铭牌数据相比应无明显差别	《电气装置安装工程 电气设备交接试验标准》(GB 50150—2016)	资料检查	□是 □否	
1.2.16	三相接线组别和单相变压器引出线的极性检查	I	接线组别和极性与铭牌一致	《电气装置安装工程 电气设备交接试验标准》(GB 50150—2016)	资料检查	□是 □否	
1.2.17	绕组连同套管的交流耐压试验	IV	外施交流电压按出厂值80%进行	《电气装置安装工程 电气设备交接试验标准》(GB 50150—2016)	资料检查	□是 □否	
1.3	**资料检查**						
1.3.1	安装使用说明书、图纸、维护手册等技术文件	II	资料齐全	《国家电网公司十八项电网重大反事故措施(2018年修订版)》	资料检查	□是 □否	
1.3.2	重要材料和附件的工厂检验报告和出厂试验报告	II	资料齐全	《国家电网公司十八项电网重大反事故措施(2018年修订版)》	资料检查	□是 □否	
1.3.3	抗短路校核能力报告	III	240MVA 及以下容量变压器应选用通过短路承受能力试验验证的产品;500kV 变压器和240MVA 以上容量变压器应优先选用通过短路承受能力试验验证的相似产品。生产厂家应提供同类产品短路承受能力试验报告或短路承受能力计算报告	《国家电网公司十八项电网重大反事故措施(2018年修订版)》	资料检查	□是 □否	
1.3.4	出厂试验报告	III	资料齐全,数据合格		资料检查	□是 □否	

续表

序号	监督项目	权重	监 督 标 准	监 督 依 据	监督方式	是否合格	监督问题说明
1.3.5	工厂监造报告	II	资料齐全	《国家电网公司十八项电网重大反事故措施（2018年修订版）》	资料检查	□是　□否	
1.3.6	三维冲击记录仪记录纸和押运记录	III	各项记录齐全、数据合格	《国家电网公司十八项电网重大反事故措施（2018年修订版）》	资料检查	□是　□否	
1.3.7	安装检查及安装过程记录	II	记录齐全，数据合格	《国家电网公司十八项电网重大反事故措施（2018年修订版）》	资料检查	□是　□否	
1.3.8	安装质量检验及评定报告	II	资料齐全	《国家电网公司十八项电网重大反事故措施（2018年修订版）》	资料检查	□是　□否	
1.3.9	安装过程中设备缺陷通知单、设备缺陷处理记录	II	记录齐全	《电气装置安装工程　电力变压器、油浸电抗器、互感器施工及验收规范》（GB 50148—2010）	资料检查	□是　□否	
1.3.10	交接试验报告	IV	项目齐全，数据合格	《电气装置安装工程　电气设备交接试验标准》（GB 50150—2016）	资料检查	□是　□否	
1.3.11	变压器新油要求	II	变压器新油应由生产厂家提供新油无腐蚀性硫、结构簇、糠醛及油中颗粒度报告，对500kV及以上电压等级的变压器还应提供T501等检测报告	《国家电网公司十八项电网重大反事故措施（2018年修订版）》	资料检查	□是　□否	
1.3.12	变压器新油试验	IV	油中溶解气体的色谱分析是否合格，油黏度、油中含水量、击穿电压等试验项目合格	《电力变压器用绝缘油选用指南》（DL/T 1094—2008）、《电气装置安装工程　电气设备交接试验标准》（GB 50150—2016）	资料检查	□是　□否	

2 断 路 器 检 查

序号	监督项目	权重	监 督 标 准	监 督 依 据	监督方式	是否合格	监督问题说明
2.1 断路器本体检查							
2.1.1	外观检查	I	①断路器及构架、机构箱安装应牢靠,连接部位螺栓压接牢固,满足力矩要求,平垫、弹簧垫齐全,用于法兰连接紧固的螺栓,紧固后螺纹一般应露出螺母 2～3 圈,各螺栓、螺纹连接件应按要求涂胶并紧固划标志线	《国家电网公司变电验收管理规定(试行)》《断路器全过程技术监督精益化管理实施细则》	现场检查	□是 □否	
		I	②采用垫片(厂家调节垫片除外)调节断路器水平的,支架或底架与基础的垫片不宜超过3片,总厚度不应大于 10mm,且各垫片间应焊接牢固	《国家电网公司变电验收管理规定(试行)》《断路器全过程技术监督精益化管理实施细则》	现场检查	□是 □否	
		I	③一次接线端子无松动、无开裂、无变形,表面镀层无破损	《国家电网公司变电验收管理规定(试行)》《断路器全过程技术监督精益化管理实施细则》	现场检查	□是 □否	
		I	④均压环无变形,安装方向正确,排水孔无堵塞	《国家电网公司变电验收管理规定(试行)》《断路器全过程技术监督精益化管理实施细则》	现场检查	□是 □否	
		I	⑤设备基础无沉降、开裂、损坏	《国家电网公司变电验收管理规定(试行)》《断路器全过程技术监督精益化管理实施细则》	现场检查	□是 □否	
		I	⑥瓷套应完整无损,表面应清洁,浇装部位防水胶完好。增爬伞裙完好,无塌陷变形,粘接界面牢固,防污闪涂料涂层完好,不应存在剥离、破损	《国家电网公司变电验收管理规定(试行)》《断路器全过程技术监督精益化管理实施细则》	现场检查	□是 □否	

续表

序号	监督项目	权重	监督标准	监督依据	监督方式	是否合格	监督问题说明
2.1.1	外观检查	I	⑦设备出厂铭牌齐全、参数正确，相色标志清晰正确	《国家电网公司变电验收管理规定（试行）》《断路器全过程技术监督精益化管理实施细则》	现场检查	□是 □否	
		I	⑧所有电缆管（洞）口应封堵良好	《国家电网公司变电验收管理规定（试行）》《断路器全过程技术监督精益化管理实施细则》	现场检查	□是 □否	
		I	⑨防爆膜检查应无异常，泄压通道通畅且不应朝向巡视通道	《国家电网公司变电验收管理规定（试行）》《断路器全过程技术监督精益化管理实施细则》	现场检查	□是 □否	
2.1.2	安全接地	I	①断路器接地采用双引下线接地	《国家电网公司变电验收管理规定（试行）》	现场检查	□是 □否	
		II	②接地铜排、镀锌扁钢截面积满足设计要求	《国家电网公司变电验收管理规定（试行）》	现场检查	□是 □否	
		I	③接地引下线应有专用的色标标志	《国家电网公司变电验收管理规定（试行）》	现场检查	□是 □否	
		I	④接地引下线无锈蚀、损伤、变形	《国家电网公司变电验收管理规定（试行）》	现场检查	□是 □否	
		I	⑤凡不属于主回路或辅助回路且需要接地的所有金属部分都应接地（如爬梯等）；外壳、构架等的相互电气连接宜采用紧固连接（如螺栓连接或焊接）	《国家电网公司变电验收管理规定（试行）》	现场检查	□是 □否	
2.1.3	线夹及引线	I	①抱箍、线夹无裂纹	《国家电网公司变电验收管理规定（试行）》《断路器全过程技术监督精益化管理实施细则》	现场检查	□是 □否	
		I	②引线无散股、扭曲、断股现象	《国家电网公司变电验收管理规定（试行）》《断路器全过程技术监督精益化管理实施细则》	现场检查	□是 □否	

续表

序号	监督项目	权重	监 督 标 准	监 督 依 据	监督方式	是否合格	监督问题说明
2.1.3	线夹及引线	II	③不应使用铜铝对接过渡线夹	《国家电网公司变电验收管理规定（试行）》《断路器全过程技术监督精益化管理实施细则》	现场检查	□是 □否	
		I	④高压引线及端子板连接处无松动、变形、开裂现象，表面镀层无破损	《国家电网公司变电验收管理规定（试行）》《断路器全过程技术监督精益化管理实施细则》	现场检查	□是 □否	
		I	⑤设备与引线连接可靠	《国家电网公司变电验收管理规定（试行）》《断路器全过程技术监督精益化管理实施细则》	现场检查	□是 □否	
		II	⑥铝设备线夹，在可能出现冰冻的地区朝上30°～90°安装时，应设置滴水孔	《国家电网公司变电验收管理规定（试行）》	现场检查	□是 □否	
		I	⑦引线对地和相间符合电气安全距离要求，引线松紧适当，无明显过松、过紧现象，导线的弧垂须满足设计规程要求	《国家电网公司变电验收管理规定（试行）》	现场检查	□是 □否	
2.1.4	密度继电器	I	①SF_6密度继电器、压力表外观无破损、渗漏，气体压力正常	《国家电网公司变电验收管理规定（试行）》《断路器全过程技术监督精益化管理实施细则》	现场检查	□是 □否	
		I	②具有远传功能的密度继电器，就地指示压力值应与监控后台一致	《国家电网公司变电验收管理规定（试行）》《断路器全过程技术监督精益化管理实施细则》	现场检查	□是 □否	
		II	③截止阀、止回阀能可靠工作，投运前均已处于正确位置，截止阀应有清晰的关闭、开启方向及位置标示	《国家电网公司变电验收管理规定（试行）》《断路器全过程技术监督精益化管理实施细则》	现场检查	□是 □否	
		IV	④密度继电器与开关设备本体之间的连接方式应满足不拆卸校验密度继电器的要求；密度继	《国家电网公司十八项电网重大反事故措施（2018年修订版）》	现场检查	□是 □否	

续表

序号	监督项目	权重	监督标准	监督依据	监督方式	是否合格	监督问题说明
2.1.4	密度继电器	IV	电器应装设在与被监测气室处于同一运行环境温度的位置；对于严寒地区的设备，其密度继电器应满足环境温度在－40～－25℃时准确度不低于2.5级的要求	《国家电网公司十八项电网重大反事故措施（2018年修订版）》	现场检查	□是 □否	
		IV	⑤新安装252kV及以上断路器每相应安装独立的密度继电器	《国家电网公司十八项电网重大反事故措施（2018年修订版）》	现场检查	□是 □否	
		IV	⑥户外断路器应采取防止密度继电器二次接头受潮的防雨措施	《国家电网公司十八项电网重大反事故措施（2018年修订版）》	现场检查	□是 □否	
2.2　机构及传动部件检查							
2.2.1	外观	I	①机构内的弹簧、轴、销、卡片、缓冲器等零部件完好	《国家电网公司变电验收管理规定（试行）》	现场检查	□是 □否	
		I	②储能指示正常，打压电机运行正常，外壳无锈蚀	《国家电网公司变电验收管理规定（试行）》	现场检查	□是 □否	
		I	③传动连杆及其他外露零件无锈蚀，连接紧固，传动齿轮应咬合准确，操作轻便灵活	《国家电网公司变电验收管理规定（试行）》	现场检查	□是 □否	
		I	④电动机固定应牢固，转向应正确，电动机操作回路应设置缺相保护器	《国家电网公司变电验收管理规定（试行）》	现场检查、资料检查	□是 □否	
		I	⑤操动机构固定牢靠，零部件齐全，机构动作应平稳，无卡阻、冲击等异常情况	《国家电网公司变电验收管理规定（试行）》	现场检查	□是 □否	
		I	⑥各种接触器、继电器、微动开关、压力开关、压力表、加热装置和辅助开关的动作应准确、可靠，接点应接触良好、无烧损或锈蚀	《国家电网公司变电验收管理规定（试行）》	现场检查	□是 □否	
		I	⑦检查驱潮、加热装置应工作正常	《国家电网公司变电验收管理规定（试行）》	现场检查	□是 □否	

序号	监督项目	权重	监 督 标 准	监 督 依 据	监督方式	是否合格	监督问题说明
2.2.1	外观	I	⑧位置指示器的颜色和标示应符合相关标准要求	《国家电网公司变电验收管理规定（试行）》	现场检查	□是　□否	
		I	⑨分、合闸指示牌应有两个及以上定位螺栓固定以保证不发生位移	《国家电网公司变电验收管理规定（试行）》	现场检查	□是　□否	
		I	⑩断路器应装设不可复归的动作计数器，其位置应便于读数，分相操作的断路器每相应装设	《国家电网公司变电验收管理规定（试行）》	现场检查	□是　□否	
		I	⑪传动连接件应无弯曲变形、无锈蚀、连接可靠，转动部分加性能良好的润滑脂	《国家电网公司变电验收管理规定（试行）》	现场检查	□是　□否	
		III	⑫采用双跳闸线圈机构的断路器，两只跳闸线圈不应共用衔铁，且线圈不应叠装布置	《国家电网公司变电验收管理规定（试行）》	现场检查	□是　□否	
		II	⑬断路器机构分合闸控制回路不应串接整流模块、熔断器或电阻器	《国家电网公司变电验收管理规定（试行）》	现场检查	□是　□否	
		II	⑭隔离断路器的断路器与接地开关间应具备足够强度的机械联锁和可靠的电气联锁	《国家电网公司变电验收管理规定（试行）》	现场检查	□是　□否	
2.2.2	液压机构	I	①液压油标号选择正确，适合设备运行地域环境要求，油位满足设备厂家要求，并应设置明显的油位观察窗，方便在运行状态检查油位情况	《国家电网公司变电验收管理规定（试行）》	现场检查、资料检查	□是　□否	
		II	②液压机构内部应无液压油渗漏，连接管路应清洁、无渗漏，压力表计指示正常且其安装位置应便于观察	《国家电网公司变电验收管理规定（试行）》	现场检查	□是　□否	
		I	③液压机构电动机或油泵应能满足60s内从重合闸闭锁油压打压到额定油压和5min内从零压充到额定压力的要求；机构打压超时应报警，时间应符合产品技术要求	《国家电网公司变电验收管理规定（试行）》	资料检查	□是　□否	
		I	④液压机构24h内保压试验无异常，24h压力泄漏量满足产品技术文件要求，频繁打压时能可靠上传报警信号	《国家电网公司变电验收管理规定（试行）》	资料检查	□是　□否	

续表

序号	监督项目	权重	监督标准	监督依据	监督方式	是否合格	监督问题说明
2.2.2	液压机构	I	⑤采用氮气储能的机构，储压筒的预充氮气压力，应符合产品技术文件要求，测量时应记录环境温度；补充的氮气应采用微水含量小于 5μL/L 的高纯氮气作为气源	《国家电网公司变电验收管理规定（试行）》	现场检查、资料检查	□是　□否	
		I	⑥储压筒应有足够的容量，在降压至闭锁压力前应能进行"分—0.3s—合分"或"合分— 3min—合分"的操作	《国家电网公司变电验收管理规定（试行）》	资料检查	□是　□否	
		II	⑦油泵启动停止、闭锁自动重合闸、闭锁分合闸、氮气泄漏报警、氮气预充压力、零起建压时间应和产品技术条件相符	《国家电网公司变电验收管理规定（试行）》	资料检查	□是　□否	
		I	⑧油泵打压计数器应正确动作	《国家电网公司变电验收管理规定（试行）》	现场检查	□是　□否	
		I	⑨液压机构操作后液压下降值应符合产品技术要求	《国家电网公司变电验收管理规定（试行）》	现场检查	□是　□否	
		I	⑩机构打压时液压表指针不应剧烈抖动	《国家电网公司变电验收管理规定（试行）》	现场检查	□是　□否	
		IV	⑪断路器液压机构应具有防止失压后慢分慢合的机械装置。液压机构验收时应对机构防慢分慢合装置的可靠性进行试验	《国家电网公司十八项电网重大反事故措施（2018 年修订版）》	现场检查、资料检查	□是　□否	
2.2.3	弹簧机构	I	①弹簧机构无锈蚀、裂纹、断裂，缓冲器无渗漏	《国家电网公司变电验收管理规定（试行）》	现场检查	□是　□否	
		I	②弹簧储能指示正确，弹簧机构储能接点能根据储能情况及断路器动作情况，可靠接通、断开	《国家电网公司变电验收管理规定（试行）》	现场检查	□是　□否	
		II	③储能电机具有储能超时、过流、热偶等保护元件，并能可靠动作，超时整定时间应符合产品技术要求	《国家电网公司变电验收管理规定（试行）》	现场检查、资料检查	□是　□否	

序号	监督项目	权重	监 督 标 准	监 督 依 据	监督方式	是否合格	监督问题说明
2.2.3	弹簧机构	I	④储能电机应运行无异常、无异声。断开储能电机电源，手动储能能正常执行。手动储能与电动储能之间闭锁可靠	《国家电网公司变电验收管理规定（试行)》	现场检查	□是　□否	
		I	⑤合闸弹簧储能时间应满足制造厂要求，合闸操作后一般应在 20s（参考值）内完成储能，在 85%～110%的额定电压下应能正常储能	《国家电网公司变电验收管理规定（试行)》	资料检查	□是　□否	
		II	⑥分、合闸闭锁装置动作应灵活，复位应准确而迅速，并应开合可靠	《国家电网公司变电验收管理规定（试行)》	现场检查、资料检查	□是　□否	
		II	⑦传动链条无锈蚀，机构各转动部分应涂以适合当地气候条件的润滑脂	《国家电网公司变电验收管理规定（试行)》	现场检查	□是　□否	
		I	⑧弹簧机构内轴销、卡簧等应齐全，螺栓应紧固，并划线标记	《国家电网公司变电验收管理规定（试行)》	现场检查	□是　□否	
		II	⑨储能过程中，合闸控制回路应可靠断开	《国家电网公司变电验收管理规定（试行)》	现场检查、资料检查	□是　□否	
2.2.4	液压弹簧机构	I	①机构内的轴、销、卡片完好，二次线连接紧固	《国家电网公司变电验收管理规定（试行)》	现场检查	□是　□否	
		I	②液压油应洁净无杂质，油位指示应正常	《国家电网公司变电验收管理规定（试行)》	现场检查	□是　□否	
		I	③液压弹簧机构各功能模块应无液压油渗漏	《国家电网公司变电验收管理规定（试行)》	现场检查	□是　□否	
		II	④电机零表压储能时间、分合闸操作后储能时间符合产品技术要求，额定压力下，液压弹簧机构的 24 h 压力降应满足产品技术条件规定	《国家电网公司变电验收管理规定（试行)》	现场检查、资料检查	□是　□否	

续表

序号	监督项目	权重	监督标准	监督依据	监督方式	是否合格	监督问题说明
2.2.4	液压弹簧机构	II	⑤液压弹簧机构各压力参数安全阀动作压力、油泵启动停止压力、重合闸闭锁报警压力、重合闸闭锁压力、合闸闭锁报警压力、合闸闭锁压力、分闸闭锁报警压力、分闸闭锁压力应和产品技术条件相符	《国家电网公司变电验收管理规定（试行）》	现场检查、资料检查	□是　□否	
		III	⑥防失压慢分装置应可靠，投运时应将弹簧销插入闭锁装置；手动泄压阀动作应可靠，关闭严密	《国家电网公司变电验收管理规定（试行）》	现场检查	□是　□否	
2.3　机构箱检查							
2.3.1	外观	I	①机构箱开合顺畅、密封良好、无变形、无锈蚀，箱内无水迹	《国家电网公司变电验收管理规定（试行）》《断路器全过程技术监督精益化管理实施细则》	现场检查	□是　□否	
		I	②机构箱内无异物、无遗留工具和备件	《国家电网公司变电验收管理规定（试行）》《断路器全过程技术监督精益化管理实施细则》	现场检查	□是　□否	
		I	③"远方/就地""合闸/分闸"控制把手外观无异常，操作功能正常	《国家电网公司变电验收管理规定（试行）》《断路器全过程技术监督精益化管理实施细则》	现场检查	□是　□否	
		I	④机构箱接地良好，有专用的色标，螺栓压接紧固；箱门与箱体之间接地连接铜线截面积不小于 4mm²	《国家电网公司变电验收管理规定（试行）》	现场检查	□是　□否	
		I	⑤柜体底部导线管的入口处封堵美观	《国家电网公司变电验收管理规定（试行）》		□是　□否	
		III	⑥户外汇控箱或机构箱的防护等级应不低于IP45W，箱体应设置可使箱内空气流通的迷宫式通风口，并具有防腐、防雨、防风、防潮、防尘	《国家电网公司十八项电网重大反事故措施（2018年修订版）》	现场检查、资料检查	□是　□否	

序号	监督项目	权重	监 督 标 准	监 督 依 据	监督方式	是否合格	监督问题说明
2.3.1	外观	III	和防小动物进入的性能；带有智能终端、合并单元的智能控制柜防护等级应不低于 IP55；非一体化的汇控箱与机构箱应分别设置温度、湿度控制装置	《国家电网公司十八项电网重大反事故措施（2018 年修订版）》	现场检查、资料检查	□是 □否	
2.3.2	二次回路及元件	IV	①断路器二次回路不应采用 RC 加速设计	《国家电网公司十八项电网重大反事故措施（2018 年修订版）》	现场检查	□是 □否	
		I	②箱内端子排无锈蚀，二次电缆绝缘层无变色、老化、损坏现象	《国家电网公司变电验收管理规定（试行）》《断路器全过程技术监督精益化管理实施细则》	现场检查	□是 □否	
		I	③二次接线布置整齐，无松动、无损坏	《国家电网公司变电验收管理规定（试行）》《断路器全过程技术监督精益化管理实施细则》	现场检查	□是 □否	
		I	④机构箱内备用电缆芯应加有保护帽，二次线芯、电缆走向标示牌无缺失现象	《国家电网公司变电验收管理规定（试行）》《断路器全过程技术监督精益化管理实施细则》	现场检查	□是 □否	
		I	⑤箱内二次元器件完好，可操作的二次元器件应有中文标识并齐全正确	《国家电网公司变电验收管理规定（试行）》《断路器全过程技术监督精益化管理实施细则》	现场检查	□是 □否	
		II	⑥由断路器本体机构箱至就地端子箱之间的二次电缆的屏蔽层应在就地端子箱处可靠连接至等电位接地网的铜排上，在本体机构箱内不接地	《国家电网公司变电验收管理规定（试行）》《断路器全过程技术监督精益化管理实施细则》	现场检查	□是 □否	
		III	⑦断路器分、合闸控制回路的端子间应有端子隔开，或采取其他有效防误动措施	《国家电网公司十八项电网重大反事故措施（2018 年修订版）》	现场检查	□是 □否	
		IV	⑧温控器（加热器）、继电器等二次元件应取得 3C 认证或通过与 3C 认证同等的性能试验，外壳绝缘材料阻燃等级应满足 V-0 级，并提供第三方检测报告。时间继电器不应选用气囊式时间继电器	《国家电网公司十八项电网重大反事故措施（2018 年修订版）》	现场检查、资料检查	□是 □否	

续表

序号	监督项目	权重	监督标准	监督依据	监督方式	是否合格	监督问题说明
2.3.3	防跳回路	III	①就地、远方操作时，防跳回路均能可靠工作。模拟手合于故障条件下断路器不应发生跳跃现象	《国家电网公司变电验收管理规定（试行）》	现场检查、资料检查	□是 □否	
		IV	②断路器防跳功能只能采用保护防跳或断路器本体机构防跳其中之一，不能两者同时采用	《辽宁省电力有限公司断路器防跳回路及分合闸监视回路设计、运维管理规定》	现场检查、资料检查	□是 □否	
		IV	③新投的分相弹簧机构断路器的防跳继电器、非全相继电器不应安装在机构箱内，应装在独立的汇控箱内	《国家电网公司十八项电网重大反事故措施（2018年修订版）》	现场检查	□是 □否	
2.3.4	非全相装置	IV	①三相非联动断路器缺相运行时，所配置的非全相装置能可靠动作，时间继电器经校验合格且动作时间满足整定值要求；带有试验按钮的非全相保护继电器应有警示标识	《国家电网公司变电验收管理规定（试行）》	现场检查、资料检查	□是 □否	
		III	②非全相保护功能原则上应由断路器本体实现。新上220kV及以上断路器和保护装置均应具备非全相保护功能	《辽宁省电力有限公司220kV及以上断路器非全相保护设计、运行维护管理规定（试行）》	现场检查、资料检查	□是 □否	
2.3.5	辅助开关	II	①断路器辅助开关切换时间与断路器主触头动作时间配合良好，接触良好，接点无电弧烧损	《国家电网公司变电验收管理规定（试行）》	现场检查、资料检查	□是 □否	
		I	②辅助开关应安装牢固，应能防止因多次操作松动变位	《国家电网公司变电验收管理规定（试行）》	现场检查	□是 □否	
		I	③辅助开关转动灵活，接点到位，功能正常	《国家电网公司变电验收管理规定（试行）》	现场检查、资料检查	□是 □否	
		I	④辅助开关与机构间的连接应松紧适当、转换灵活，并应能满足通电时间的要求；连接锁紧螺母应拧紧，并应采取防松措施	《国家电网公司变电验收管理规定（试行）》	现场检查	□是 □否	
2.3.6	加热驱潮装置	I	①机构箱内应有完善的加热、驱潮装置，并根据温湿度自动控制，能进行手动投切，其设定值满足安装地点环境要求	《国家电网公司变电验收管理规定（试行）》	现场检查	□是 □否	

序号	监督项目	权重	监督标准	监督依据	监督方式	是否合格	监督问题说明
2.3.6	加热驱潮装置	II	②所有的加热元件应是非暴露型的；加热器、驱潮装置及控制元件的绝缘应良好，加热器与各元件、电缆及电线的距离应大于 50mm；加热器应接成三相平衡的负荷，且与电机电源要分开	《国家电网公司变电验收管理规定（试行）》	现场检查	□是　□否	
		II	③寒冷地域装设的加热带能正常工作	《国家电网公司变电验收管理规定（试行）》	现场检查	□是　□否	
2.3.7	照明装置	I	断路器机构箱、汇控柜应装设照明装置，且工作正常	《国家电网公司变电验收管理规定（试行）》	现场检查	□是　□否	
2.4　交接试验检查							
2.4.1	绝缘电阻测量	II	测量断路器的绝缘电阻值，应符合产品技术文件规定	《电气装置安装工程　电气设备交接试验标准》（GB 50150—2016）	资料检查	□是　□否	
2.4.2	导电回路电阻测量	III	采用电流不小于 100A 的直流压降法，测试结果应符合产品技术条件规定值；与出厂值进行对比，不得超过出厂值的 1.2 倍	《电气装置安装工程　电气设备交接试验标准》（GB 50150—2016）	资料检查	□是　□否	
2.4.3	交流耐压试验	IV	在 SF_6 气压为额定值时进行，试验电压应按出厂试验电压的 80%，不应有击穿现象	《电气装置安装工程　电气设备交接试验标准》（GB 50150—2016）	资料检查	□是　□否	
2.4.4	罐式断路器局部放电量检测	IV	罐式断路器进行现场耐压试验时，应在 $1.2U_r/\sqrt{3}$ 电压下进行局部放电检测，不应有局部放电信号	《电气装置安装工程　电气设备交接试验标准》（GB 50150—2016）	资料检查	□是　□否	
2.4.5	断路器并联电容器试验（若有）	II	①断路器并联电容器的极间绝缘电阻不应低于 $500M\Omega$	《电气装置安装工程　电气设备交接试验标准》（GB 50150—2016）	资料检查	□是　□否	
		II	②断路器并联电容器的介质损耗角正切值应符合产品技术条件的规定	《电气装置安装工程　电气设备交接试验标准》（GB 50150—2016）	资料检查	□是　□否	
		II	③电容值的偏差应在额定电容值的 ±5% 范围内	《电气装置安装工程　电气设备交接试验标准》（GB 50150—2016）	资料检查	□是　□否	

序号	监督项目	权重	监督标准	监督依据	监督方式	是否合格	监督问题说明
2.4.6	机械特性试验	III	①测量断路器主、辅触头的分、合闸时间，测量分、合闸的同期性，实测数值应符合产品技术条件的规定	《电气装置安装工程 电气设备交接试验标准》(GB 50150—2016)	资料检查	□是 □否	
		III	②断路器交接试验中，应进行行程曲线测试，并同时测量分、合闸线圈电流波形	《国家电网公司十八项电网重大反事故措施（2018年修订版）》	资料检查	□是 □否	
		IV	③断路器出厂试验前应带原机构进行不少于200次的机械操作试验（其中每100次操作试验的最后20次应为重合闸操作试验）。投切并联电容器、交流滤波器用断路器型式试验项目必须包含投切电容器组试验，断路器必须选用C2级断路器。断路器动作次数计数器不得带有复归机构	《国家电网公司十八项电网重大反事故措施（2018年修订版）》	资料检查	□是 □否	
2.4.7	断路器合—分时间	III	断路器交接试验中，应测试断路器合—分时间。对252kV及以上断路器，合—分时间应满足电力系统安全稳定要求	《国家电网公司十八项电网重大反事故措施（2018年修订版）》	资料检查	□是 □否	
2.4.8	断路器合闸电阻试验（若有）	III	①断路器交接试验中，应对断路器主触头与合闸电阻触头的时间配合关系进行测试，并应测量合闸电阻的阻值	《国家电网公司十八项电网重大反事故措施（2018年修订版）》	资料检查	□是 □否	
		II	②合闸电阻值与出厂值相比应不超过±5%	《国家电网公司关于印发电网设备技术标准差异条款统一意见的通知》（国家电网科〔2017〕549号）	资料检查	□是 □否	
2.4.9	断路器分、合闸速度测试	III	应在断路器的额定操作电压、气压或液压下进行，实测数值应符合产品技术条件的规定。现场无条件安装采样装置的断路器，可不进行本试验	《电气装置安装工程 电气设备交接试验标准》(GB 50150—2016)	资料检查	□是 □否	
2.4.10	分、合闸线圈绝缘电阻及直流电阻测试	II	测量断路器分、合闸线圈的绝缘电阻值，不应低于10MΩ，直流电阻值与产品出厂试验值相比应无明显差别	《电气装置安装工程 电气设备交接试验标准》(GB 50150—2016)	资料检查	□是 □否	

续表

序号	监督项目	权重	监督标准	监督依据	监督方式	是否合格	监督问题说明
2.4.11	操作电压试验	III	合闸脱扣器应能在额定电压的 85%～110%范围内可靠动作；分闸脱扣器应在额定电压的 65%～110%（直流）或 85%～110%（交流）范围内可靠动作；当电源电压低至额定值的 30%时不应脱扣	《电气装置安装工程 电气设备交接试验标准》（GB 50150—2016）	资料检查	□是 □否	
2.4.12	辅助回路、控制回路试验	II	绝缘电阻大于 10MΩ	《电气装置安装工程 电气设备交接试验标准》（GB 50150—2016）	资料检查	□是 □否	
2.4.13	电流互感器试验	II	二次绕组绝缘电阻、直流电阻、组别和极性、误差测量、励磁曲线测量等应符合产品技术条件	《国家电网公司变电验收管理规定（试行）》	资料检查	□是 □否	
2.4.14	SF$_6$气体试验	III	①SF$_6$气体注入设备后必须进行湿度试验，含水量应符合下列规定：与灭弧室相通的气室应小于 150μL/L，其他气室小于 250μL/L	《电气装置安装工程 电气设备交接试验标准》（GB 50150—2016）	资料检查	□是 □否	
		II	②SF$_6$新气到货后，充入设备前应按 GB 12022《工业六氟化硫》进行抽检验收，其他每瓶只测定含水量	《电气装置安装工程 电气设备交接试验标准》（GB 50150—2016）	资料检查	□是 □否	
		III	③SF$_6$气体注入设备后应对设备内气体进行 SF$_6$纯度检测，必要时进行气体成分分析。对于使用 SF$_6$混合气体的设备，应测量混合气体的比例	《国家电网公司十八项电网重大反事故措施（2018 年修订版）》	资料检查	□是 □否	
2.4.15	密封性试验	III	采用检漏仪对各气室密封部位、管道接头等处进行检测时，检漏仪不应报警；每一个气室年漏气率不应大于 0.5%	《电气装置安装工程 电气设备交接试验标准》（GB 50150—2016）	资料检查	□是 □否	
2.4.16	密度继电器及压力表校验	III	①气体密度继电器安装前应进行校验，动作值应符合产品技术条件	《电气装置安装工程 电气设备交接试验标准》（GB 50150—2016）	资料检查	□是 □否	
		II	②各类压力表（液压、空气）指示值的误差及其变差均应在产品相应等级的允许误差范围内	《国家电网公司变电验收管理规定（试行）》	资料检查	□是 □否	

序号	监督项目	权重	监督标准	监督依据	监督方式	是否合格	监督问题说明
2.4.17	继电器动作特性校验	III	断路器交接试验中，应进行中间继电器、时间继电器、电压继电器动作特性校验	《国家电网公司十八项电网重大反事故措施（2018年修订版）》	资料检查	□是　□否	
2.4.18	防跳、非全相继电器传动	IV	断路器交接试验中，应对机构二次回路中的防跳继电器、非全相继电器进行传动。防跳继电器动作时间应小于辅助开关切换时间，并保证在模拟手合于故障时不发生跳跃现象	《国家电网公司十八项电网重大反事故措施（2018年修订版）》	资料检查	□是　□否	
2.5　资料检查							
2.5.1	安装使用说明书、装箱清单、图纸、维护手册等技术文件	I	资料齐全	《国家电网公司变电验收管理规定（试行）》	资料检查	□是　□否	
	出厂试验报告	I	资料齐全，数据合格	《国家电网公司变电验收管理规定（试行）》	资料检查	□是　□否	
	交接试验报告	I	资料齐全，数据合格	《国家电网公司变电验收管理规定（试行）》	资料检查	□是　□否	
	设备监造报告	I	资料齐全	《国家电网公司变电验收管理规定（试行）》	资料检查	□是　□否	
	竣工图纸	I	资料齐全	《国家电网公司变电验收管理规定（试行）》	资料检查	□是　□否	

3 组合电器检查

序号	监督项目	权重	监 督 标 准	监 督 依 据	监督方式	是否合格	监督问题说明
3.1 组合电器外观检查							
3.1.1	本体	II	①基础平整无积水、牢固，水平、垂直误差符合要求，无损坏。螺栓紧固良好，力矩标记线清晰	《组合电器全过程技术监督精益化管理实施细则》《国家电网公司变电验收管理规定（试行）》	现场检查	□是　□否	
		II	②安装牢固，外表清洁完整，支架及接地引线无锈蚀和损伤	《组合电器全过程技术监督精益化管理实施细则》《国家电网公司变电验收管理规定（试行）》	现场检查	□是　□否	
		II	③均压环与本体连接良好，安装应牢固、平正，不得影响接线板的接线；安装在环境温度零度及以下地区的均压环，应在均压环最低处打排水孔	《组合电器全过程技术监督精益化管理实施细则》《国家电网公司变电验收管理规定（试行）》	现场检查	□是　□否	
		IV	④防爆膜泄压方向正确、定位准确；防爆膜泄压挡板的结构和方向应避免在运行中积水、结冰、误碰；防爆膜喷口不应朝向巡视通道	《组合电器全过程技术监督精益化管理实施细则》《国家电网公司变电验收管理规定（试行）》	现场检查	□是　□否	
		I	⑤横跨母线的爬梯，不得直接架于母线外壳上；爬梯安装应牢固，两侧设置的围栏应符合相关要求	《组合电器全过程技术监督精益化管理实施细则》《国家电网公司变电验收管理规定（试行）》	现场检查	□是　□否	
		II	⑥断路器分、合闸指示器与绝缘拉杆相连的运动部件相对位置有无变化	《组合电器全过程技术监督精益化管理实施细则》《国家电网公司变电验收管理规定（试行）》	现场检查	□是　□否	
		I	⑦电流互感器、电压互感器接线盒电缆进线口封堵严实，箱盖密封良好	《组合电器全过程技术监督精益化管理实施细则》《国家电网公司变电验收管理规定（试行）》	现场检查	□是　□否	

序号	监督项目	权重	监 督 标 准	监 督 依 据	监督方式	是否合格	监督问题说明
3.1.1	本体	IV	⑧户外 GIS 应在法兰接缝、安装螺孔、跨接片接触面周边、法兰对接面注胶孔、盆式绝缘子浇注孔等部位涂防水胶	《组合电器全过程技术监督精益化管理实施细则》《国家电网公司变电验收管理规定（试行）》	现场检查	□是　□否	
		IV	⑨双母线结构的 GIS，同一间隔的不同母线隔离开关应各自设置独立隔室。252kV 及以上 GIS 母线隔离开关禁止采用与母线共隔室的设计结构	《国家电网公司十八项电网重大反事故措施（2018 年修订版）》	现场检查	□是　□否	
		IV	⑩室内 GIS 站房屋顶部需预埋吊点或增设行吊	《国家电网公司十八项电网重大反事故措施（2018 年修订版）》	现场检查	□是　□否	
		IV	⑪法兰之间应采用跨接线连接，并应保证良好通路。对于采用金属法兰结构的盆式绝缘子可取消罐体对接处的跨接片，但生产厂家应提供型式试验依据。如需采用跨接片，户外 GIS 罐体上应有专用跨接部位，禁止通过法兰螺栓直连。新投运 GIS 采用带金属法兰的盆式绝缘子时，应预留窗口用于特高频局部放电检测	《国家电网公司十八项电网重大反事故措施（2018 年修订版）》	现场检查	□是　□否	
		III	⑫避雷器泄漏电流表安装高度不高于 2m	《组合电器全过程技术监督精益化管理实施细则》《国家电网公司变电验收管理规定（试行）》	现场检查	□是　□否	
		II	⑬落地母线间隔之间应根据实际情况设置巡视梯。在组合电器顶部布置的机构应加装检修平台	《组合电器全过程技术监督精益化管理实施细则》《国家电网公司变电验收管理规定（试行）》	现场检查	□是　□否	
		IV	⑭GIS 充气口保护封盖的材质应与充气口材质相同，防止电化学腐蚀	《组合电器全过程技术监督精益化管理实施细则》《国家电网公司变电验收管理规定（试行）》	现场检查	□是　□否	
3.1.2	标志	I	①隔断盆式绝缘子标示红色，导通盆式绝缘子标示为绿色	《组合电器全过程技术监督精益化管理实施细则》《国家电网公司变电验收管理规定（试行）》	现场检查	□是　□否	

序号	监督项目	权重	监 督 标 准	监 督 依 据	监督方式	是否合格	监督问题说明
3.1.2	标志	I	②设备标志正确、规范	《组合电器全过程技术监督精益化管理实施细则》《国家电网公司变电验收管理规定（试行）》	现场检查	□是 □否	
		III	③主母线相序标志清楚	《组合电器全过程技术监督精益化管理实施细则》《国家电网公司变电验收管理规定（试行）》	现场检查	□是 □否	
3.1.3	接地	I	①所有接地引下线无锈蚀、损伤、变形，标志清楚，与地网可靠相连	《组合电器全过程技术监督精益化管理实施细则》《国家电网公司变电验收管理规定（试行）》	现场检查	□是 □否	
		IV	②GIS接地引下线应有足够的截面，满足当地最大短路电流的热稳定要求。72.5kV GIS紧固接地螺栓的直径不得小于12mm；252kV及以上GIS紧固接地螺栓的直径不得小于16mm	《组合电器全过程技术监督精益化管理实施细则》《国家电网公司变电验收管理规定（试行）》	现场检查、资料检查	□是 □否	
		IV	③本体应多点接地，并确保相连壳体间的良好通路，避免壳体感应电压过高及异常发热威胁人身安全；非金属法兰的盆式绝缘子跨接排、相间汇流排的电气搭接面应采用可靠防腐措施和防松措施	《组合电器全过程技术监督精益化管理实施细则》《国家电网公司变电验收管理规定（试行）》	现场检查	□是 □否	
		III	④接地排应直接连接到地网，电压互感器、避雷器、快速接地开关应采用专用接地线直接连接到地网，不应通过外壳和支架接地	《组合电器全过程技术监督精益化管理实施细则》《国家电网公司变电验收管理规定（试行）》	现场检查	□是 □否	
		II	⑤支架、底座、构架和检修平台等所有金属部分都应接地，导通良好；带电显示装置的外壳应直接接地	《组合电器全过程技术监督精益化管理实施细则》《国家电网公司变电验收管理规定（试行）》	现场检查	□是 □否	
3.1.4	密度继电器及管路	IV	①SF_6密度继电器与GIS本体之间的连接方式应满足不拆卸校验密度继电器的要求	《国家电网公司十八项电网重大反事故措施（2018年修订版）》	现场检查	□是 □否	

序号	监督项目	权重	监督标准	监督依据	监督方式	是否合格	监督问题说明
3.1.4	密度继电器及管路	IV	②密度继电器应装设在与 GIS 本体同一运行环境温度的位置，在环境温度低于−25℃时，密度继电器的准确度不低于2.5级	《国家电网公司十八项电网重大反事故措施（2018年修订版）》	资料检查	□是　□否	
		IV	③三相分箱的 GIS 母线及断路器气室，禁止采用管路连接。独立气室应安装单独的密度继电器，密度继电器表计应朝向巡视通道，前方不应有遮挡物，满足巡检要求	《国家电网公司十八项电网重大反事故措施（2018年修订版）》	现场检查	□是　□否	
		IV	④二次线应牢靠，户外安装密度继电器应有防雨罩，密度继电器防雨箱（罩）应能将表、控制电缆接线端子一起放入	《国家电网公司十八项电网重大反事故措施（2018年修订版）》	现场检查	□是　□否	
		III	⑤所在气室名称与实际气室及后台信号对应、一致	《组合电器全过程技术监督精益化管理实施细则》《国家电网公司变电验收管理规定（试行）》	现场检查	□是　□否	
		II	⑥充气阀无泄漏，阀门自封良好，管路无划伤。阀门开启、关闭标志清晰	《组合电器全过程技术监督精益化管理实施细则》《国家电网公司变电验收管理规定（试行）》	现场检查	□是　□否	
		III	⑦密度继电器的二次线护套管在最低处应有排水孔	《组合电器全过程技术监督精益化管理实施细则》《国家电网公司变电验收管理规定（试行）》	现场检查	□是　□否	
		III	⑧所有扩建预留间隔应加装密度继电器，并可实现远程监视	《组合电器全过程技术监督精益化管理实施细则》《国家电网公司变电验收管理规定（试行）》	现场检查	□是　□否	
3.1.5	伸缩节	IV	①伸缩节跨接接地排的安装配合满足伸缩节调整要求，接地排与法兰的固定部位应涂抹防水胶。伸缩节配置应满足跨不均匀沉降部位（室外不同基础、室内伸缩缝等）的要求	《组合电器全过程技术监督精益化管理实施细则》《国家电网公司变电验收管理规定（试行）》	现场检查	□是　□否	

序号	监督项目	权重	监 督 标 准	监 督 依 据	监督方式	是否合格	监督问题说明
3.1.5	伸缩节	IV	②应对起调节作用的伸缩节进行明确标识。用于轴向补偿的伸缩节应配备伸缩量计量尺	《组合电器全过程技术监督精益化管理实施细则》《国家电网公司变电验收管理规定（试行)》	现场检查	□是　□否	
		IV	③伸缩节安装完成后，应根据生产厂家提供的"伸缩节（状态）伸缩量—环境温度"对应参数明细表等技术资料进行调整和验收，包括伸缩节类型、数量、位置及"伸缩节（状态）伸缩量—环境温度"对应明细表等调整参数	《组合电器全过程技术监督精益化管理实施细则》《国家电网公司变电验收管理规定（试行)》	现场检查、资料检查	□是　□否	
3.1.6	外瓷套或合成套外表检查	II	瓷套无磕碰损伤，一次端子接线牢固。金属法兰与瓷件胶装部位粘合应牢固，防水胶应完好	《组合电器全过程技术监督精益化管理实施细则》《国家电网公司变电验收管理规定（试行)》	现场检查	□是　□否	
3.1.7	法兰盲孔检查	III	①盲孔必须涂密封胶，确保盲孔不进水	《组合电器全过程技术监督精益化管理实施细则》《国家电网公司变电验收管理规定（试行)》	现场检查	□是　□否	
		III	②在法兰与安装板及装接地连片处，法兰和安装板之间的缝隙必须涂密封胶	《组合电器全过程技术监督精益化管理实施细则》《国家电网公司变电验收管理规定（试行)》	现场检查	□是　□否	
3.1.8	铭牌	I	设备出厂铭牌齐全、参数正确	《组合电器全过程技术监督精益化管理实施细则》《国家电网公司变电验收管理规定（试行)》	现场检查	□是　□否	
3.1.9	相序	I	相序标志清晰正确	《组合电器全过程技术监督精益化管理实施细则》《国家电网公司变电验收管理规定（试行)》	现场检查	□是　□否	
3.1.10	外壳穿墙	III	GIS 穿墙壳体与墙体间应采取防护措施，穿墙部位采用非腐蚀性、非导磁性材料进行封堵，墙外侧做好防水措施	《组合电器全过程技术监督精益化管理实施细则》《国家电网公司变电验收管理规定（试行)》	现场检查	□是　□否	

续表

序号	监督项目	权重	监督标准	监督依据	监督方式	是否合格	监督问题说明
3.1.11	隔离/接地开关	IV	①机构内的弹簧、轴、销、卡片、缓冲器等零部件完好	《组合电器全过程技术监督精益化管理实施细则》《国家电网公司变电验收管理规定（试行）》	现场检查	□是　□否	
		IV	②机构的分、合闸指示应与实际相符	《组合电器全过程技术监督精益化管理实施细则》《国家电网公司变电验收管理规定（试行）》	现场检查	□是　□否	
		III	③传动齿轮应咬合准确，操作轻便灵活	《组合电器全过程技术监督精益化管理实施细则》《国家电网公司变电验收管理规定（试行）》	现场检查	□是　□否	
		III	④轴销、卡环、拐臂及螺栓连接等连接部件应可靠，防止其脱落导致传动失效	《组合电器全过程技术监督精益化管理实施细则》《国家电网公司变电验收管理规定（试行）》	现场检查	□是　□否	
		IV	⑤隔离开关控制电源和操作电源应独立分开。同一间隔内的多台隔离开关，必须分别设置独立的开断设备	《组合电器全过程技术监督精益化管理实施细则》《国家电网公司变电验收管理规定（试行）》	现场检查	□是　□否	
		II	⑥相间连杆采用转动传动方式设计的三相机械联动隔离开关，应在三相同时安装分、合闸指示器	《组合电器全过程技术监督精益化管理实施细则》《国家电网公司变电验收管理规定（试行）》	现场检查	□是　□否	
		II	⑦机构动作应平稳，无卡阻、冲击等异常情况	《组合电器全过程技术监督精益化管理实施细则》《国家电网公司变电验收管理规定（试行）》	现场检查	□是　□否	
		III	⑧机构限位装置应准确、可靠，到达规定分、合极限位置时，应可靠地切除电动机电源	《组合电器全过程技术监督精益化管理实施细则》《国家电网公司变电验收管理规定（试行）》	现场检查	□是　□否	
		III	⑨机构箱密封完好，加热驱潮装置运行正常。机构箱开合顺畅、箱内无异物	《组合电器全过程技术监督精益化管理实施细则》《国家电网公司变电验收管理规定（试行）》	现场检查	□是　□否	

序号	监督项目	权重	监 督 标 准	监 督 依 据	监督方式	是否合格	监督问题说明
3.1.11	隔离/接地开关	II	⑩做好控制电缆进机构箱的封堵措施，严防进水	《组合电器全过程技术监督精益化管理实施细则》《国家电网公司变电验收管理规定（试行）》	现场检查	□是　□否	
		IV	⑪三工位的隔离开关，应确认实际分合位置与操作逻辑、现场指示相对应	《组合电器全过程技术监督精益化管理实施细则》《国家电网公司变电验收管理规定（试行）》	现场检查	□是　□否	
3.1.12	断路器液压机构	III	①机构内的轴、销、传动连杆等完好无损，二次线连接紧固	《组合电器全过程技术监督精益化管理实施细则》《国家电网公司变电验收管理规定（试行）》	现场检查	□是　□否	
		II	②液压油应洁净无杂质，油位指示应正常，同批安装设备油位指示一致	《组合电器全过程技术监督精益化管理实施细则》《国家电网公司变电验收管理规定（试行）》	现场检查	□是　□否	
		II	③液压机构管路连接处应密封良好，管路不应与机构箱内其他元件相碰	《组合电器全过程技术监督精益化管理实施细则》《国家电网公司变电验收管理规定（试行）》	现场检查	□是　□否	
		III	④液压机构下方应无油迹，机构箱内部应无液压油渗漏	《组合电器全过程技术监督精益化管理实施细则》《国家电网公司变电验收管理规定（试行）》	现场检查	□是　□否	
		II	⑤储能位置指示器、分合闸位置指示器便于观察巡视。机构箱开合顺畅、箱内无异物	《组合电器全过程技术监督精益化管理实施细则》《国家电网公司变电验收管理规定（试行）》	现场检查	□是　□否	
		II	⑥驱潮、加热装置应工作正常，参数设置正确	《组合电器全过程技术监督精益化管理实施细则》《国家电网公司变电验收管理规定（试行）》	现场检查	□是　□否	
3.1.13	断路器弹簧机构	IV	①机构内的轴、销、传动连杆等完好无损，二次线连接紧固	《组合电器全过程技术监督精益化管理实施细则》《国家电网公司变电验收管理规定（试行）》	现场检查	□是　□否	

序号	监督项目	权重	监督标准	监督依据	监督方式	是否合格	监督问题说明
3.1.13	断路器弹簧机构	III	②机构上储能位置指示器、分合闸位置指示器便于观察巡视。机构箱开合顺畅、箱内无异物	《组合电器全过程技术监督精益化管理实施细则》《国家电网公司变电验收管理规定（试行）》	现场检查	□是　□否	
		II	③驱潮、加热装置应工作正常	《组合电器全过程技术监督精益化管理实施细则》《国家电网公司变电验收管理规定（试行）》	现场检查	□是　□否	
3.1.14	断路器液压弹簧机构	IV	①机构内的轴、销、传动连杆等完好无损，二次线连接紧固	《组合电器全过程技术监督精益化管理实施细则》《国家电网公司变电验收管理规定（试行）》	现场检查	□是　□否	
		III	②液压油应洁净无杂质，油位指示应正常	《组合电器全过程技术监督精益化管理实施细则》《国家电网公司变电验收管理规定（试行）》	现场检查	□是　□否	
		III	③液压弹簧机构各功能模块应无液压油渗漏	《组合电器全过程技术监督精益化管理实施细则》《国家电网公司变电验收管理规定（试行）》	现场检查	□是　□否	
		II	④驱潮、加热装置应工作正常，参数设置正确	《组合电器全过程技术监督精益化管理实施细则》《国家电网公司变电验收管理规定（试行）》	现场检查	□是　□否	
		II	⑤储能位置指示器、分合闸位置指示器便于观察巡视。机构箱开合顺畅、箱内无异物	《组合电器全过程技术监督精益化管理实施细则》《国家电网公司变电验收管理规定（试行）》	现场检查	□是　□否	
3.2	汇控柜检查						
3.2.1	外观检查	II	①安装牢固，外表清洁完整，无锈蚀和损伤，接地可靠	《组合电器全过程技术监督精益化管理实施细则》《国家电网公司变电验收管理规定（试行）》	现场检查	□是　□否	

序号	监督项目	权重	监督标准	监督依据	监督方式	是否合格	监督问题说明
3.2.1	外观检查	II	②基础牢固，水平、垂直误差符合要求	《组合电器全过程技术监督精益化管理实施细则》《国家电网公司变电验收管理规定（试行）》	现场检查	□是 □否	
		II	③汇控柜的柜门必须有限位措施，开关灵活，门锁完好	《组合电器全过程技术监督精益化管理实施细则》《国家电网公司变电验收管理规定（试行）》	现场检查	□是 □否	
		II	④汇控柜门需加装跨接接地线	《组合电器全过程技术监督精益化管理实施细则》《国家电网公司变电验收管理规定（试行）》	现场检查	□是 □否	
3.2.2	封堵检查	II	底面及引出、引入线孔和吊装孔，封堵严密可靠	《组合电器全过程技术监督精益化管理实施细则》《国家电网公司变电验收管理规定（试行）》	现场检查	□是 □否	
3.2.3	编号牌	I	①设备编号牌正确、规范	《组合电器全过程技术监督精益化管理实施细则》《国家电网公司变电验收管理规定（试行）》	现场检查	□是 □否	
		II	②标志正确、清晰	《组合电器全过程技术监督精益化管理实施细则》《国家电网公司变电验收管理规定（试行）》	现场检查	□是 □否	
3.2.4	二次接线端子	I	①二次引线连接紧固、可靠，内部清洁；电缆备用芯戴绝缘帽	《组合电器全过程技术监督精益化管理实施细则》《国家电网公司变电验收管理规定（试行）》《国家电网公司十八项电网重大反事故措施（2018年修订版）》	现场检查	□是 □否	
		II	②应做好二次线缆的防护，避免由于绝缘电阻下降造成开关偷跳	《组合电器全过程技术监督精益化管理实施细则》《国家电网公司变电验收管理规定（试行）》《国家电网公司十八项电网重大反事故措施（2018年修订版）》	现场检查	□是 □否	

续表

序号	监督项目	权重	监 督 标 准	监 督 依 据	监督方式	是否合格	监督问题说明
3.2.4	二次接线端子	II	③垂直安装的二次电缆槽盒应从底部单独支撑固定，且通风良好；水平安装的二次电缆槽盒应有低位排水措施	《组合电器全过程技术监督精益化管理实施细则》《国家电网公司变电验收管理规定（试行）》《国家电网公司十八项电网重大反事故措施（2018年修订版）》	现场检查	□是 □否	
3.2.5	加热、驱潮装置	II	运行正常、功能完备。加热、驱潮装置应保证长期运行时不对箱内邻近设备、二次线缆造成热损伤，相邻的距离应大于50mm，温控器应选用阻燃材料	《组合电器全过程技术监督精益化管理实施细则》《国家电网公司变电验收管理规定（试行）》	现场检查	□是 □否	
3.2.6	位置及光字指示	II	断路器、隔离开关分、合闸位置指示灯正常，光字牌指示正确与后台指示一致	《组合电器全过程技术监督精益化管理实施细则》《国家电网公司变电验收管理规定（试行）》	现场检查	□是 □否	
3.2.7	二次元件	II	①汇控柜内二次元件排列整齐、固定牢固，并贴有清晰的中文名称标识	《组合电器全过程技术监督精益化管理实施细则》《国家电网公司变电验收管理规定（试行）》	现场检查	□是 □否	
		III	②柜内隔离开关空气开关标志清晰，并一对一控制相应隔离开关	《组合电器全过程技术监督精益化管理实施细则》《国家电网公司变电验收管理规定（试行）》	现场检查	□是 □否	
		III	③断路器二次回路不应采用RC加速设计	《组合电器全过程技术监督精益化管理实施细则》《国家电网公司变电验收管理规定（试行）》	现场检查	□是 □否	
		II	④断路器安装后必须对其二次回路中的防跳继电器、非全相继电器进行传动，并保证在模拟手合于故障条件下断路器不会发生跳跃现象	《组合电器全过程技术监督精益化管理实施细则》《国家电网公司变电验收管理规定（试行）》	资料检查	□是 □否	
3.2.8	照明	II	灯具符合现场安装条件，开关应具备门控功能	《组合电器全过程技术监督精益化管理实施细则》《国家电网公司变电验收管理规定（试行）》	现场检查	□是 □否	

序号	监督项目	权重	监督标准	监督依据	监督方式	是否合格	监督问题说明
3.2.9	SF₆气体监测设备	II	①GIS配电装置室内应设置一定数量的氧量仪和SF₆浓度报警仪	《组合电器全过程技术监督精益化管理实施细则》《国家电网公司变电验收管理规定（试行）》	现场检查	□是 □否	
		II	②GIS室应装有通风装置，风机应设置在室内底部，并能正常开启，排风口不应朝向居民住宅或行人	《组合电器全过程技术监督精益化管理实施细则》《国家电网公司变电验收管理规定（试行）》	现场检查	□是 □否	
3.3 联锁检查							
3.3.1	带电显示装置与接地开关的闭锁	II	带电显示装置自检正常，闭锁可靠	《组合电器全过程技术监督精益化管理实施细则》《国家电网公司变电验收管理规定（试行）》	现场检查	□是 □否	
3.3.2	主设备间联锁检查	III	①满足"五防"闭锁要求	《组合电器全过程技术监督精益化管理实施细则》《国家电网公司变电验收管理规定（试行）》	现场检查	□是 □否	
		III	②汇控柜联锁、解锁功能正常	《组合电器全过程技术监督精益化管理实施细则》《国家电网公司变电验收管理规定（试行）》	现场检查	□是 □否	
3.4 组合电器交接试验检查							
3.4.1	主回路绝缘试验	IV	①老练试验应在现场耐压试验前进行，应在完整间隔上进行	《组合电器全过程技术监督精益化管理实施细则》《国家电网公司变电验收管理规定（试行）》《电气装置安装工程 电气设备交接试验标准》（GB 50150—2016）	资料检查	□是 □否	
		IV	②在$1.2U_m/\sqrt{3}$下进行局部放电检测：72.5～252kV组合电器的交流耐压值应为出厂值的100%；550kV组合电器的交流耐压值应不低于出厂值的90%。局部放电试验应随耐压试验同时进行	《组合电器全过程技术监督精益化管理实施细则》《国家电网公司变电验收管理规定（试行）》《电气装置安装工程 电气设备交接试验标准》（GB 50150—2016）	资料检查	□是 □否	

续表

序号	监督项目	权重	监 督 标 准	监 督 依 据	监督方式	是否合格	监督问题说明
3.4.1	主回路绝缘试验	III	③有条件时还应进行冲击耐压试验，雷电冲击试验和操作冲击试验电压值为型式试验施加电压值的80%，正负极性各三次	《组合电器全过程技术监督精益化管理实施细则》《国家电网公司变电验收管理规定（试行）》《电气装置安装工程 电气设备交接试验标准》（GB 50150—2016）	资料检查	□是　□否	
3.4.2	密度继电器校验	IV	进行各触点（如闭锁触点、报警触点）动作值的校验	《组合电器全过程技术监督精益化管理实施细则》《国家电网公司变电验收管理规定（试行）》《电气装置安装工程 电气设备交接试验标准》（GB 50150—2016）	资料检查	□是　□否	
3.4.3	辅助和控制回路、绝缘试验	II	采用2500V兆欧表且绝缘电阻大于10MΩ	《组合电器全过程技术监督精益化管理实施细则》《国家电网公司变电验收管理规定（试行）》《电气装置安装工程 电气设备交接试验标准》（GB 50150—2016）	资料检查	□是　□否	
3.4.4	主回路电阻试验	IV	①采用电流不小于100A的分流法进行测试。测试回路范围应包括：应分段测试每个间隔内的主回路电阻值；应整体测试每个间隔内的主回路电阻值；应测试相邻间隔之间的母线主回路电阻值；应测试整条（段）母线主回路电阻值	《组合电器全过程技术监督精益化管理实施细则》《国家电网公司变电验收管理规定（试行）》《电气装置安装工程 电气设备交接试验标准》（GB 50150—2016）	资料检查	□是　□否	
		IV	②应与出厂值比较，单相电阻值不得超过出厂实测值的120%	《组合电器全过程技术监督精益化管理实施细则》《国家电网公司变电验收管理规定（试行）》《电气装置安装工程 电气设备交接试验标准》（GB 50150—2016）	资料检查	□是　□否	
		IV	③整条（段）母线主回路电阻值、同一间隔整体主回路电阻值的三相差值不超过10%；相邻间隔之间母线主回路电阻值、同一间隔同段母线主回路电阻值的相间绝对数值差不超过20μΩ	《组合电器全过程技术监督精益化管理实施细则》《国家电网公司变电验收管理规定（试行）》《电气装置安装工程 电气设备交接试验标准》（GB 50150—2016）	资料检查	□是　□否	

序号	监督项目	权重	监督标准	监督依据	监督方式	是否合格	监督问题说明
3.4.5	气体密封性试验	III	组合电器静止24h后进行，采用检漏仪对各气室密封部位、管道接头等处进行检测时，检漏仪不应报警；每一个气室年漏气率不应大于0.5%；随组合电器本体一起进行密封性试验	《组合电器全过程技术监督精益化管理实施细则》《国家电网公司变电验收管理规定（试行）》《电气装置安装工程 电气设备交接试验标准》（GB 50150—2016）	资料检查	□是 □否	
3.4.6	SF₆气体试验	IV	组合电器静止24h后进行SF$_6$气体湿度（20℃的体积分数）试验，应符合：有灭弧分解物的气室，应不大于150μL/L；无灭弧分解物的气室，应不大于250μL/L。且应对设备内气体进行SF$_6$纯度检测，必要时进行SF$_6$气体分解产物检测。结果符合标准要求	《组合电器全过程技术监督精益化管理实施细则》《国家电网公司变电验收管理规定（试行）》《电气装置安装工程 电气设备交接试验标准》（GB 50150—2016）	资料检查	□是 □否	
3.4.7	机械特性试验	IV	①机械特性测试结果符合其产品技术条件的规定，测量开关的行程—时间特性曲线，在规定的范围内	《组合电器全过程技术监督精益化管理实施细则》《国家电网公司变电验收管理规定（试行）》《电气装置安装工程 电气设备交接试验标准》（GB 50150—2016）	资料检查	□是 □否	
		IV	②应进行操动机构低电压试验，符合其产品技术条件的规定	《组合电器全过程技术监督精益化管理实施细则》《国家电网公司变电验收管理规定（试行）》《电气装置安装工程 电气设备交接试验标准》（GB 50150—2016）	资料检查	□是 □否	
		III	③分合闸线圈的直流电阻，符合其产品技术条件的规定	《组合电器全过程技术监督精益化管理实施细则》《国家电网公司变电验收管理规定（试行）》《电气装置安装工程 电气设备交接试验标准》（GB 50150—2016）	资料检查	□是 □否	

续表

序号	监督项目	权重	监督标准	监督依据	监督方式	是否合格	监督问题说明
3.4.8	金属部件抽检试验	I	①生产厂家应对金属材料和部件材质进行质量检测，对罐体、传动杆、拐臂、轴承（销）等关键金属部件，应按工程抽样开展金属材质成分检测，按批次开展金相试验抽检，并提供相应报告	《组合电器全过程技术监督精益化管理实施细则》《国家电网公司变电验收管理规定（试行）》	资料检查	□是 □否	
		II	②生产厂家应对 GIS 及罐式断路器罐体焊缝进行无损探伤检测，保证罐体焊缝 100%合格	《组合电器全过程技术监督精益化管理实施细则》《国家电网公司变电验收管理规定（试行）》	资料检查	□是 □否	
3.5　资料检查							
3.5.1	三维冲击记录仪记录纸和押运记录	I	GIS 出厂运输时，应在断路器、隔离开关、电压互感器、避雷器和550kV 套管运输单元上加装三维冲击记录仪，其他运输单元加装振动指示器。运输中如出现冲击加速度大于 3g 或不满足产品技术文件要求的情况，产品运至现场后应打开相应隔室检查各部件是否完好，必要时可增加试验项目或返厂处理	《组合电器全过程技术监督精益化管理实施细则》《国家电网公司变电验收管理规定（试行）》	资料检查	□是 □否	
3.5.2	设备资料	II	使用说明书、技术说明书、出厂试验报告、合格证及安装图纸等技术文件	《组合电器全过程技术监督精益化管理实施细则》《国家电网公司变电验收管理规定（试行）》	现场检查	□是 □否	
3.5.3	专用工具	I	按照技术协议书规定，核对专用工具数量、规格是否符合要求	《组合电器全过程技术监督精益化管理实施细则》《国家电网公司变电验收管理规定（试行）》	现场检查	□是 □否	

4 隔离开关检查

序号	监督项目	权重	监督标准	监督依据	监督方式	是否合格	监督问题说明
4.1　本体及外观检查							
4.1.1	外观检查	I	①设备出厂铭牌齐全，运行编号、相序标志清晰可识别	《国家电网公司变电验收管理规定（试行）》	现场检查	□是　□否	
		II	②操动机构、传动装置、辅助开关及闭锁装置应安装牢固，动作灵活可靠，位置指示正确	《电气装置安装工程 高压电器施工及验收规范》（GB 50147—2010）	现场检查	□是　□否	
		III	③相间距离及分闸时触头打开角度和距离应符合产品技术文件要求	《国家电网公司变电验收管理规定（试行）》	现场检查	□是　□否	
		II	④隔离开关分、合闸限位正确	《国家电网公司变电验收管理规定（试行）》	现场检查	□是　□否	
		II	⑤隔离开关、接地开关导电臂及底座等位置应采取能防止鸟类筑巢的结构	《国家电网公司十八项电网重大反事故措施（2018 修订版）》	现场检查、资料检查	□是　□否	
		II	⑥垂直连杆应无扭曲变形	《电气装置安装工程 高压电器施工及验收规范》（GB 50147—2010）	现场检查	□是　□否	
		II	⑦隔离开关、接地开关导电管应合理设置排水孔，确保在分、合闸位置内部均不积水。垂直传动连杆应有防止积水的措施，水平传动连杆端部应密封	《国家电网公司变电验收管理规定（试行）》	现场检查	□是　□否	
		II	⑧均压环无变形，安装方向正确，与本体连接良好，安装应牢固、平正，不得影响接线板的接线；安装在环境温度零度及以下地区或 500kV 以上的均压环，应在均压环最低处打排水孔，排水孔位置、孔径应合理	《国家电网公司变电验收管理规定（试行）》	现场检查	□是　□否	

续表

序号	监督项目	权重	监 督 标 准	监 督 依 据	监督方式	是否合格	监督问题说明
4.1.1	外观检查	II	⑨上下导电臂之间的中间接头、导电臂与导电底座之间应采用叠片式软导电带连接，叠片式铝制软导电带应有不锈钢片保护	《国家电网公司十八项电网重大反事故措施（2018修订版）》	现场检查、资料检查	□是 □否	
		II	⑩隔离开关和接地开关的不锈钢部件禁止采用铸造件，铸铝合金传动部件禁止采用砂型铸造。隔离开关和接地开关用于传动的空心管材应有疏水通道	《国家电网公司十八项电网重大反事故措施（2018修订版）》	现场检查、资料检查	□是 □否	
		II	⑪配钳夹式触头的单臂伸缩式隔离开关导电臂应采用全密封结构。传动配合部件应具有可靠的自润滑措施，禁止不同金属材料直接接触。轴承座应采用全密封结构	《国家电网公司十八项电网重大反事故措施（2018修订版）》	现场检查、资料检查	□是 □否	
		III	⑫隔离开关应具备防止自动分闸的结构设计	《国家电网公司十八项电网重大反事故措施（2018修订版）》	现场检查、资料检查	□是 □否	
4.1.2	支架及接地	III	①隔离开关、接地开关底座与垂直连杆、接地端子及操动机构箱接地可靠，软连接导电带紧固良好，无断裂、损伤	《国家电网公司变电验收管理规定（试行）》	现场检查	□是 □否	
		II	②隔离开关及构架、机构箱安装应牢靠，连接部位螺栓压接牢固，满足力矩要求，平垫、弹簧垫齐全，螺栓外露长度符合要求，用于法兰连接紧固的螺栓，紧固后螺纹一般应露出螺母 2～3 扣，各螺栓、螺纹连接件应按要求涂胶并紧固划标志线	《国家电网公司变电验收管理规定（试行）》	现场检查、资料检查	□是 □否	
		II	③采用垫片安装（厂家调节垫片除外）调节隔离开关水平的，支架或底架与基础的垫片不宜超过 3 片，总厚度不应大于 10mm，且各垫片间应焊接牢固	《国家电网公司变电验收管理规定（试行）》	现场检查、资料检查	□是 □否	

序号	监督项目	权重	监 督 标 准	监 督 依 据	监督方式	是否合格	监督问题说明
4.1.2	支架及接地	III	④紧固螺钉或螺栓的直径应不小于 12mm	《高压交流隔离开关和接地开关》（GB 1985—2014）	现场检查、资料检查	□是 □否	
		II	⑤如果金属外壳和操动机构不与隔离开关或接地开关的金属底座安装在一起，并在电气上没有连接时，则金属外壳和操动机构上应提供标有保护接地符号的接地端子	《高压交流隔离开关和接地开关》（GB 1985—2014）	现场检查、资料检查	□是 □否	
		II	⑥不承载短路电流时，铜质软连接截面积应不小于 50mm^2；如果采取其他材料，则应具有等效截面积。软连接用以承载短路电流时，其截面积应该按照承载短路电流计算最大值设计	《高压交流隔离开关和接地开关》（DL/T 486—2010）		□是 □否	
		II	⑦由一次设备直接引出的二次电缆的屏蔽层应使用截面积不小于 4mm^2 多股铜质软导线仅在就地端子箱处一点接地，在一次设备的接线盒（箱）处不接地，二次电缆经金属管从一次设备的接线盒（箱）引至电缆沟，并将金属管的上端与一次设备的底座或金属外壳良好焊接，金属管另一端应在距一次设备 3～5m 之外与主接地网焊接	《国家电网公司十八项电网重大反事故措施（2018 修订版）》	现场检查、资料检查	□是 □否	
		III	⑧接地引下线无锈蚀、损伤、变形；接地引下线应有专用的色标标志	《高压交流隔离开关和接地开关》（GB 1985—2014）	现场检查、资料检查	□是 □否	
		III	⑨隔离开关构支架应有两点与主地网连接，接地引下线规格满足设计规范，连接牢固	《国家电网公司变电验收管理规定（试行）》	现场检查、资料检查	□是 □否	
		II	⑩架构底部的排水孔设置合理，满足要求	《国家电网公司变电验收管理规定（试行）》	现场检查、资料检查	□是 □否	
		II	⑪轴销应采用优质防腐防锈材质，且具有良好的耐磨性能；轴套应采用自润滑无油轴套，其耐磨、耐腐蚀、润滑性能与轴应匹配。万向轴承须有防尘设计	《高压交流隔离开关和接地开关》（DL/T 486—2010）	现场检查、资料检查	□是 □否	

序号	监督项目	权重	监 督 标 准	监 督 依 据	监督方式	是否合格	监督问题说明
4.1.2	支架及接地	II	⑫传动连杆应选用满足强度和刚度要求的多棱型钢、不锈钢无缝钢管或热镀锌无缝钢管	《高压交流隔离开关和接地开关》（DL/T 486—2010）	现场检查、资料检查	□是　□否	
		II	⑬传动连杆应采用装配式结构，连接应有防窜动措施；现场组装时不允许进行切割焊接配装。连杆若存在焊接接头的部位，必须在工厂内焊接，焊缝应进行探伤并经过整体热镀锌工艺进行表面处理。热镀锌工艺应满足相关规定要求	《高压交流隔离开关和接地开关》（DL/T 486—2010）	现场检查、资料检查	□是　□否	
		II	⑭操动机构输出轴与其本体传动轴应采用无级调节的连接方式	《高压交流隔离开关和接地开关》（DL/T 486—2010）	现场检查、资料检查	□是　□否	
		IV	⑮支座材质应为热镀锌钢或不锈钢，其支撑钢结构件的最小厚度不应小于 8mm，箱体顶部应有防渗漏措施	《高压交流隔离开关和接地开关》（DL/T 486—2010）	现场检查、资料检查	□是　□否	
		III	⑯定位螺钉应按产品的技术要求进行调整，并加以固定	《国家电网公司变电验收管理规定（试行）》	现场检查	□是　□否	
4.1.3	绝缘子	IV	①绝缘子表面清洁，无裂纹、无掉瓷，爬电比距符合污秽等级要求	《国家电网公司变电验收管理规定（试行）》	现场检查、资料检查	□是　□否	
		II	②金属法兰、连接螺栓无锈蚀、无表层脱落现象	《国家电网公司变电验收管理规定（试行）》	现场检查	□是　□否	
		II	③金属法兰与瓷件的胶装部位涂以性能良好的防水密封胶，胶装后露砂高度 10～20mm 且不得小于 10mm	《国家电网公司变电验收管理规定（试行）》	现场检查、资料检查	□是　□否	
		III	④有特殊要求不满足防污闪要求的，瓷质绝缘子喷涂防污闪涂层，应采用差色喷涂工艺，涂层厚度不小于 2mm，无破损、起皮、开裂等情况；增爬伞裙无塌陷变形，表面牢固	《国家电网公司变电验收管理规定（试行）》	现场检查、资料检查	□是　□否	

续表

序号	监督项目	权重	监 督 标 准	监 督 依 据	监督方式	是否合格	监督问题说明
4.1.4	接触部位	III	①固定接触面均匀涂抹凡士林，接触良好	《国家电网公司变电验收管理规定（试行）》	现场检查、资料检查	□是　□否	
		II	②带有引弧装置的应动作可靠，不会影响隔离开关的正常分合	《国家电网公司变电验收管理规定（试行）》	现场检查、资料检查	□是　□否	
4.1.5	一次引线	III	①引线无散股、扭曲、断股现象；引线对地和相间距符合电气安全距离要求；引线松紧适当，无明显过松过紧现象，导线的弧垂须满足设计规范	《国家电网公司变电验收管理规定（试行）》	现场检查	□是　□否	
		II	②压接式铝设备线夹朝上30°～90°安装时，应设置排水孔	《国家电网公司变电验收管理规定（试行）》	现场检查	□是　□否	
		II	③设备线夹压接应采用热镀锌螺栓，采用双螺母或蝶形垫片等防松措施	《国家电网公司变电验收管理规定（试行）》	现场检查	□是　□否	
		II	④设备线夹与压线板为不同材质时，不应使用对接式铜铝过渡线夹	《国家电网公司变电验收管理规定（试行）》	现场检查	□是　□否	
4.1.6	机构箱	II	①机构箱密封良好，无变形、水迹、异物，密封条良好，门把手完好	《国家电网公司变电验收管理规定（试行）》	现场检查	□是　□否	
		II	②二次接线布置整齐，无松动、损坏；二次电缆绝缘层无损坏现象；二次接线排列整齐，接头牢固无松动，编号清楚	《国家电网公司变电验收管理规定（试行）》	现场检查	□是　□否	
		II	③箱内端子排、继电器、辅助开关等无锈蚀	《国家电网公司变电验收管理规定（试行）》	现场检查	□是　□否	
		III	④操作电动机"电动/手动"切换把手外观无异常，"远方/就地""合闸/分闸"把手外观无异常，操作功能正常，手动、电动操作正常	《国家电网公司变电验收管理规定（试行）》	现场检查	□是　□否	
		II	⑤操动机构的箱体应可三侧开门，正向门与两侧门之间有连锁功能，只有正向门打开后其两侧的门才能打开	《高压交流隔离开关和接地开关》（DL/T 486—2010）	现场检查	□是　□否	

序号	监督项目	权重	监督标准	监督依据	监督方式	是否合格	监督问题说明
4.1.6	机构箱	I	⑥户外设备的箱体应选用不锈钢、铸铝或具有防腐措施的材料，应具有防潮、防腐、防小动物进入等功能	《高压交流隔离开关和接地开关》（DL/T 486—2010）	现场检查	□是　□否	
		II	⑦操动机构箱防护等级户外不得低于IP4XW，户内不得低于IP3X	《高压交流隔离开关和接地开关》（DL/T 486—2010）	现场检查、资料检查	□是　□否	
		II	⑧220kV及以上具有分相操作功能的隔离开关，位置节点上传正确，机构操作电源应分开、独立	《国家电网公司变电验收管理规定（试行）》	现场检查、资料检查	□是　□否	
		II	⑨同一间隔内的多台隔离开关的电机电源，在端子箱内必须分别设置独立的开断设备	《交流高压开关设备技术监督导则》（Q/GDW 11074—2013）	现场检查、资料检查	□是　□否	
		III	⑩操动机构内应装设一套能可靠切断电动机电源的过载保护装置。电动机电源消失时，控制回路应解除自保持	《国家电网公司十八项电网重大反事故措施（2018修订版）》	现场检查、资料检查	□是　□否	
4.1.7	辅助开关	II	辅助开关动作灵活可靠，位置正确，信号上传正确	《国家电网公司变电验收管理规定（试行）》	现场检查	□是　□否	
4.1.8	联锁装置	IV	①隔离开关与其所配装的接地开关之间应有可靠的机械联锁，机械联锁应有足够的强度。发生电动或手动误操作时，设备应可靠联锁	《国家电网公司十八项电网重大反事故措施（2018修订版）》	现场检查、资料检查	□是　□否	
		III	②隔离开关和接地开关电气闭锁回路应直接使用隔离开关、接地开关的辅助触点，严禁使用重动继电器	《国家电网公司十八项电网重大反事故措施（2018修订版）》	现场检查、资料检查	□是　□否	
		III	③具有电动操动机构的隔离开关与其配用的接地开关之间应有可靠的电气联锁	《国家电网公司变电验收管理规定（试行）》	现场检查、资料检查	□是　□否	
		II	④机构把手上应设置机械五防锁具的锁孔，锁具无锈蚀、变形现象	《国家电网公司变电验收管理规定（试行）》	现场检查、资料检查	□是　□否	

续表

序号	监督项目	权重	监督标准	监督依据	监督方式	是否合格	监督问题说明
4.1.8	联锁装置	III	⑤对于超 B 类接地开关，线路侧接地开关、接地开关辅助灭弧装置、接地侧接地开关三者之间电气互锁正常	《国家电网公司变电验收管理规定（试行）》	现场检查、资料检查	□是 □否	
		III	⑥操动机构电动和手动操作转换时，应有相应的闭锁	《国家电网公司变电验收管理规定（试行）》	现场检查、资料检查	□是 □否	
		III	⑦断路器和两侧隔离开关间应有可靠联锁	《防止电气误操作装置管理规定》（国家电网生〔2003〕243 号）	现场检查、资料检查	□是 □否	
4.1.9	防误操作电源单独设置	III	防误装置使用的直流电源应与继电保护、控制回路的电源分开	《国家电网公司十八项电网重大反事故措施（2018 修订版）》	现场检查、资料检查	□是 □否	
4.1.10	加热、驱潮装置	II	①机构箱中应装有加热、驱潮装置，并根据温、湿度自动控制，必要时也能进行手动投切，其设定值满足安装地点环境要求。加热器应接成三相平衡的负荷，且与电机电源要分开	《国家电网公司变电验收管理规定（试行）》	现场检查	□是 □否	
		II	②加热器、驱潮装置及控制元件的绝缘应良好，加热器与各元件、电缆及电线的距离应大于 50mm	《国家电网公司变电验收管理规定（试行）》	现场检查	□是 □否	
4.1.11	照明装置	II	机构箱、汇控柜应装设照明装置，且工作正常	《国家电网公司变电验收管理规定（试行）》	现场检查	□是 □否	
4.2 交接试验检查							
4.2.1	测量绝缘电阻	II	整体绝缘电阻值测量应参照制造厂规定	《国家电网公司变电验收管理规定（试行）》	资料检查	□是 □否	
4.2.2	导电回路电阻值测量	IV	交接试验值应不大于出厂试验值的 1.2 倍。除对隔离开关自身导电回路进行电阻测试外，还应对包含电气连接端子的导电回路电阻进行测试	《国家电网公司十八项电网重大反事故措施（2018 修订版）》	资料检查	□是 □否	
4.2.3	交流耐压试验	II	交流耐压试验可随断路器设备一起进行	《国家电网公司变电验收管理规定（试行）》	资料检查	□是 □否	

序号	监督项目	权重	监督标准	监督依据	监督方式	是否合格	监督问题说明
4.2.4	控制及辅助回路的工频耐压试验	III	隔离开关（接地开关）操动机构辅助和控制回路绝缘交接试验应采用 2500V 兆欧表,绝缘电阻应大于 10MΩ	《国家电网公司变电验收管理规定（试行）》	资料检查	□是　□否	
4.2.5	操动机构线圈的最低动作电压试验	III	检查操动机构线圈的最低动作电压,应符合制造厂的规定	《电气装置安装工程　电气设备交接试验标准》（GB 50150—2016）	资料检查	□是　□否	
4.2.6	操动机构试验	III	可靠分闸和合闸范围：电动机操动机构在额定电压的 80%～110%范围内；压缩空气操动机构在额定气压的 85%～110%范围内；二次控制线圈和电磁闭锁装置在额定电压的 80%～110%范围内可靠动作	《电气装置安装工程　电气设备交接试验标准》（GB 50150—2016）	资料检查	□是　□否	
4.2.7	瓷套、复合绝缘子	II	①使用 2500V 绝缘电阻表测量,绝缘电阻不应低于 1000MΩ	《国家电网公司变电验收管理规定（试行）》	资料检查	□是　□否	
		I	②复合绝缘子应进行憎水性测试	《国家电网公司变电验收管理规定（试行）》	资料检查	□是　□否	
4.2.8	瓷柱探伤试验	II	252kV 及以上隔离开关安装后应对绝缘子逐只探伤并合格	《国家电网公司十八项电网重大反事故措施（2018 修订版）》	资料检查	□是　□否	
4.3 资料检查							
4.3.1	安装使用说明书、竣工图纸、维护手册等技术文件	I	资料齐全	《国家电网公司变电验收管理规定（试行）》	资料检查	□是　□否	
4.3.2	出厂试验报告	I	资料齐全,数据合格	《国家电网公司变电验收管理规定（试行）》	资料检查	□是　□否	
4.3.3	交接试验报告	II	项目齐全,数据合格	《国家电网公司变电验收管理规定（试行）》	资料检查	□是　□否	
4.3.4	变电工程投运前电气安装调试质量监督检查报告	I	项目齐全,质量合格	《国家电网公司变电验收管理规定（试行）》	资料检查	□是　□否	

5 电流互感器检查

序号	监督项目	权重	监 督 标 准	监 督 依 据	监督方式	是否合格	监督问题说明
5.1 外观检查							
5.1.1	渗漏油（油浸式）	II	瓷套、底座、阀门和法兰等部位应无渗漏油现象	《国家电网公司变电验收管理规定（试行）》	现场检查	□是　□否	
5.1.2	油位（油浸式）	IV	金属膨胀器视窗位置指示清晰，无渗漏，油位在规定的范围内，不宜过高或过低。油浸式互感器的膨胀器外罩应标注清晰耐久的最高（MAX）、最低（MIN）油位线及20℃的标准油位线。油位指示器应采用荧光材料	《国家电网公司变电验收管理规定试行》《国家电网有限公司十八项电网重大反事故措施（2018年修订版）》	现场检查	□是　□否	
5.1.3	密度继电器（气体绝缘）	I	①压力正常，标识明显、清晰	《国家电网公司变电验收管理规定（试行）》	现场检查	□是　□否	
		III	②校验合格，报警值（接点）正常	《国家电网公司变电验收管理规定（试行）》	现场检查	□是　□否	
		IV	③密度继电器应设有防雨罩	《国家电网公司变电验收管理规定（试行）》	现场检查	□是　□否	
		IV	④密度继电器满足不拆卸校验要求，表计朝向巡视通道	《国家电网公司变电验收管理规定（试行）》	现场检查	□是　□否	
5.1.4	外观检查	I	①无明显污渍、无锈迹，油漆无剥落、无褪色，并达到防污要求	《国家电网公司变电验收管理规定（试行）》	现场检查	□是　□否	
		I	②复合绝缘干式电流互感器表面无损伤、无裂纹，油漆应完整	《国家电网公司变电验收管理规定（试行）》	现场检查	□是　□否	
		I	③电流互感器膨胀器保护罩顶部应为防积水的凸面设计，能够有效防止雨水聚集	《国家电网公司变电验收管理规定（试行）》	现场检查	□是　□否	

续表

序号	监督项目	权重	监督标准	监督依据	监督方式	是否合格	监督问题说明
5.1.5	瓷套或硅橡胶套管	II	①瓷套不存在缺损、脱釉、落砂,法兰胶装部位涂有合格的防水胶	《国家电网公司变电验收管理规定（试行）》	现场检查	□是　□否	
			②硅橡胶套管不存在龟裂、起泡和脱落	《国家电网公司变电验收管理规定（试行）》	现场检查	□是　□否	
5.1.6	相序标志	I	相序标志正确,零电位进行标识	《国家电网公司变电验收管理规定（试行）》	现场检查	□是　□否	
5.1.7	均压环	II	均压环安装水平、牢固,且方向正确;安装在环境温度零度及以下地区的均压环,宜在均压环最低处打排水孔	《国家电网公司变电验收管理规定（试行）》	现场检查	□是　□否	
5.1.8	SF_6止回阀(气体绝缘)	II	无泄漏、本体额定气压值（20℃）指示无异常	《国家电网公司变电验收管理规定（试行）》	现场检查	□是　□否	
5.1.9	接地	III	①应保证有两根与主接地网不同地点连接的接地引下线	《国家电网公司变电验收管理规定（试行）》	现场检查	□是　□否	
		III	②电容型绝缘的电流互感器,其一次绕组末屏的引出端子、铁心引出接地端子应接地牢固可靠	《国家电网公司变电验收管理规定（试行）》	现场检查	□是　□否	
		III	③互感器的外壳接地牢固可靠	《国家电网公司变电验收管理规定（试行）》	现场检查	□是　□否	
5.1.10	整体安装	I	三相并列安装的互感器中心线应在同一直线上;同一组互感器的极性方向应与设计图纸相符;基础螺栓应紧固	《国家电网公司变电验收管理规定（试行）》	现场检查	□是　□否	
5.1.11	等电位连接	III	电流互感器一次端子的等电位连接应牢固可靠,且端子之间应保持足够电气距离,并应有足够的接触面积	《国家电网有限公司十八项电网重大反事故措施(2018年修订版)》	现场检查	□是　□否	
5.1.12	二次端子接线	II	①二次端子的接线牢固,并有防松功能,装蝶型垫片及防松螺母	《国家电网公司变电验收管理规定（试行）》《国家电网有限公司十八项电网重大反事故措施（2018年修订版）》	现场检查	□是　□否	

序号	监督项目	权重	监 督 标 准	监 督 依 据	监督方式	是否合格	监督问题说明
5.1.12	二次端子接线	II	②二次引线端子应有防转动措施，防止外部操作造成内部引线扭断	《国家电网公司变电验收管理规定（试行）》《国家电网有限公司十八项电网重大反事故措施（2018年修订版）》	现场检查	□是 □否	
		IV	③末屏接地引出线应在二次接线盒内就地接地或引至在线监测装置箱内接地。末屏接地线不应采用编织软铜线	《国家电网公司变电验收管理规定（试行）》《国家电网有限公司十八项电网重大反事故措施（2018年修订版）》	现场检查	□是 □否	
		II	④二次端子不应开路，应单点接地	《国家电网公司变电验收管理规定（试行）》《国家电网有限公司十八项电网重大反事故措施（2018年修订版）》	现场检查	□是 □否	
		II	⑤暂时不用的二次端子应短路接地	《国家电网公司变电验收管理规定（试行）》《国家电网有限公司十八项电网重大反事故措施（2018年修订版）》	现场检查	□是 □否	
		I	⑥二次端子标识明晰	《国家电网公司变电验收管理规定（试行）》	现场检查	□是 □否	
5.2　交接试验检查							
5.2.1	绕组的绝缘电阻	I	①选用2500V兆欧表进行绕组的绝缘电阻测量	《国家电网公司变电验收管理规定（试行）》	资料检查	□是 □否	
		I	②绕组绝缘电阻：不宜低于1000MΩ	《国家电网公司变电验收管理规定（试行）》	资料检查	□是 □否	
		I	③末屏对地（电容型）绝缘电阻：>1000MΩ	《国家电网公司变电验收管理规定（试行）》	资料检查	□是 □否	

续表

序号	监督项目	权重	监督标准	监督依据	监督方式	是否合格	监督问题说明
5.2.2	66kV 及以上电压等级的介质损耗角正切值 tanδ	II	①油浸式电流互感器：66kV 不大于0.8%	《国家电网公司变电验收管理规定（试行）》	资料检查	□是 □否	
		II	②油浸式电流互感器：220kV 不大于0.6%	《国家电网公司变电验收管理规定（试行）》	资料检查	□是 □否	
		II	③油浸式电流互感器：220～500kV 不大于0.5%	《国家电网公司变电验收管理规定（试行）》	资料检查	□是 □否	
		II	④充硅胶及其他复合绝缘干式电流互感器：不大于0.5%。（20℃）	《国家电网公司变电验收管理规定（试行）》	资料检查	□是 □否	
				《国家电网公司变电验收管理规定（试行）》	资料检查	□是 □否	
5.2.3	老炼试验（SF$_6$绝缘）	III	老炼试验后应进行工频耐压试验。老练试验应合格	《国家电网公司变电验收管理规定（试行）》	资料检查	□是 □否	
5.2.4	交流耐压试验	II	①油浸式互感器在交流耐压试验前要保证静置时间，66kV 设备静置时间不小于24h，220kV 设备静置时间不小于48h，500kV 设备静置时间不小于72h	《国家电网公司变电验收管理规定（试行）》	资料检查	□是 □否	
		II	②按出厂试验电压值的80%进行，时间60s，试验合格	《国家电网公司变电验收管理规定（试行）》	资料检查	□是 □否	
		II	③二次绕组之间及其对外壳的工频耐压试验标准应为2kV，1min	《国家电网公司变电验收管理规定（试行）》	资料检查	□是 □否	
		II	④电压等级 66kV 及以上电流互感器末屏的工频耐压试验标准应为3kV，1min	《国家电网公司变电验收管理规定（试行）》	资料检查	□是 □否	

续表

序号	监督项目	权重	监　督　标　准	监　督　依　据	监督方式	是否合格	监督问题说明
5.2.5	绕组直流电阻	II	与出厂值比较没有明显增加，且相间相比应无明显差异。同型号、同规格、同批次电流互感器一、二次绕组的直流电阻值和平均值的差异≤10%	《国家电网公司变电验收管理规定（试行）》	资料检查	□是　□否	
5.2.6	变比、误差测量	II	①用于非关口计量的35kV及以上的互感器，宜进行误差测量	《国家电网公司变电验收管理规定（试行）》	资料检查	□是　□否	
			②用于非关口计量的35kV及以下的互感器，检查互感器变比，应与制造厂铭牌相符	《国家电网公司变电验收管理规定（试行）》	资料检查	□是　□否	
5.2.7	SF_6气体压力表和密度继电器检验	III	校验合格并有相关报告	《国家电网公司变电验收管理规定（试行）》	资料检查	□是　□否	
5.2.8	密封性能检查	II	油浸式互感器外表应无可见油渍	《国家电网公司变电验收管理规定（试行）》	资料检查	□是　□否	
5.2.9	极性检测	II	减极性	《国家电网公司变电验收管理规定（试行）》	资料检查	□是　□否	
5.2.10	励磁特性曲线测量	II	与同类型互感器特性曲线或制造厂提供的特性曲线相比较，应无明显差别	《国家电网公司变电验收管理规定（试行）》	资料检查	□是　□否	
5.2.11	绝缘油（气）试验（按制造厂相关规定执行）	III	①色谱试验：电压等级在66kV以上的油浸式互感器，应在耐压试验前后各进行一次油色谱试验，油中溶解气体组分含量不应超过下列任一值，总烃<10μL/L，H_2<50μL/L，C_2H_2<0.1μL	《国家电网公司变电验收管理规定（试行）》	资料检查	□是　□否	
		III	②注入设备的新油击穿电压应满足：500kV，≥60kV；66~220kV，≥40kV	《国家电网公司变电验收管理规定（试行）》	资料检查	□是　□否	
		III	③含水量应满足：500kV，≤10mg/L；220kV，≤15mg/L；66kV，≤20mg/L	《国家电网公司变电验收管理规定（试行）》	资料检查	□是　□否	
		III	④介质损耗因数 $\tan\delta$：注入电气设备后≤0.7%	《国家电网公司变电验收管理规定（试行）》	资料检查	□是　□否	

序号	监督项目	权重	监督标准	监督依据	监督方式	是否合格	监督问题说明
5.2.12	SF$_6$气体含水量、纯度、气体成分测量	III	①SF$_6$气体含水量≤250μL/L	《国家电网公司变电验收管理规定（试行）》	资料检查	□是 □否	
		III	②纯度≥99.9%	《国家电网公司变电验收管理规定（试行）》	资料检查	□是 □否	
5.3	**资料检查**						
5.3.1	技术资料完整性	I	①设备的制造厂产品说明书、竣工图纸等资料应齐全、完整	《电气装置安装工程 电力变压器、油浸电抗器、互感器施工及验收规范》（GB 50148—2010）	资料检查	□是 □否	
		I	②气体绝缘互感器所配置的密度继电器、压力表等应具有有效的检定证书	《电气装置安装工程 电力变压器、油浸电抗器、互感器施工及验收规范》（GB 50148—2010）	资料检查	□是 □否	
5.3.2	试验报告完整性	I	出厂试验报告及交接试验报告的数量与实际设备应相符。报告中的设备编号、型号等主要参数与实际设备相符，试验项目齐全且无不合格的试验结果	《国家电网有限公司十八项电网重大反事故措施(2018年修订版)》	资料检查	□是 □否	

6 电压互感器检查

序号	监督项目	权重	监督标准	监督依据	监督方式	是否合格	监督问题说明
6.1 外观检查							
6.1.1	外绝缘	II	①瓷绝缘子无破损、无裂纹，法兰无开裂，瓷铁粘合应牢固；复合绝缘套管表面无老化迹象；干式互感器外绝缘表面无粉蚀、开裂	《国家电网公司变电验收管理规定（试行）》	现场检查	□是　□否	
		II	②现场涂覆 RTV 涂层表面要求均匀完整，不缺损、不流淌，严禁出现伞裙间的连丝，无拉丝滴流。RTV 涂层厚度不小于 0.3mm	《国家电网公司变电验收管理规定（试行）》	现场检查	□是　□否	
6.1.2	设备本体及组部件	II	①应在均压环最低处打排水孔	《国家电网公司变电验收管理规定（试行）》	现场检查	□是　□否	
		II	②安装无倾斜，互感器并列安装的要排列整齐，同一组互感器的极性方向应一致	《国家电网公司变电验收管理规定（试行）》	现场检查	□是　□否	
		IV	③油浸式互感器的膨胀器外罩应标注清晰耐久的最高（MAX）、最低（MIN）油位线及20℃的标准油位线。油位指示器应采用荧光材料	《国家电网有限公司十八项电网重大反事故措施(2018年修订版)》	现场检查	□是　□否	
		II	④SF_6 电压互感器密度继电器防雨罩应安装牢固，能将表计、控制电缆接线端子遮盖	《国家电网有限公司十八项电网重大反事故措施(2018年修订版)》	现场检查	□是　□否	
6.1.3	设备接地	III	电磁式电压互感器一次绕组 N（X）端必须可靠接地。电容式电压互感器的电容分压器低压端子（N、δ、J）必须通过载波回路线圈接地或直接接地	《国家电网公司变电验收管理规定（试行）》	现场检查	□是　□否	
6.1.4	互感器本体外观验收	I	①铭牌标志要完整清晰，无锈蚀	《国家电网公司变电验收管理规定（试行）》	现场检查	□是　□否	

序号	监督项目	权重		监督标准	监督依据	监督方式	是否合格	监督问题说明
6.1.4	互感器本体外观验收	II		②瓷套、底座、阀门和法兰等部位应无渗漏油现象	《国家电网公司变电验收管理规定（试行）》	现场检查	□是　□否	
		IV		③油位指示应正常	《国家电网公司变电验收管理规定（试行）》	现场检查	□是　□否	
		I		④设备外观无明显的锈迹、无明显污渍，油漆无剥落、无褪色	《国家电网公司变电验收管理规定（试行）》	现场检查	□是　□否	
		I		⑤外套检查：瓷套不存在缺损、脱釉、落砂，瓷套达到防污等级要求；复合绝缘干式电压互感器表面无损伤、无裂纹	《国家电网公司变电验收管理规定（试行）》	现场检查	□是　□否	
		III		⑥相序标志正确	《国家电网公司变电验收管理规定（试行）》	现场检查	□是　□否	
				⑦电容式电压互感器中间变压器高压侧不应装设 MOA	《国家电网有限公司十八项电网重大反事故措施(2018年修订版)》	现场检查	□是　□否	
		III		⑧电容式电压互感器电磁单元油箱排气孔应高出油箱上平面 10mm 以上，且密封可靠	《国家电网有限公司十八项电网重大反事故措施(2018年修订版)》	现场检查	□是　□否	
		II		⑨均压环安装水平、牢固，且方向正确；安装在环境温度零度及以下地区的均压环，宜在均压环最低处打排水孔	《国家电网公司变电验收管理规定（试行）》	现场检查	□是　□否	
		II		⑩SF_6 密度继电器或压力表检查：压力正常、无泄漏，标志明显、清晰；校验合格，报警值（接点）正常；应设有防雨罩	《国家电网公司变电验收管理规定（试行）》	现场检查	□是　□否	
6.1.5	安装工艺验收	I		①互感器安装：安装牢固，垂直度应符合要求，本体各连接部位应牢固可靠；同一组互感器三相间应排列整齐，极性方向一致；铭牌应位于易于观察的同一侧	《国家电网公司变电验收管理规定（试行）》	现场检查	□是　□否	

续表

序号	监督项目	权重	监 督 标 准	监 督 依 据	监督方式	是否合格	监督问题说明
6.1.5	安装工艺验收	I	②电容式电压互感器中间变压器接地端应可靠接地	《国家电网公司变电验收管理规定（试行）》	现场检查	□是 □否	
		I	③对于220kV及以上电压等级电容式电压互感器，电容器单元安装时必须按照出厂时的编号以及上下顺序进行安装，严禁互换	《国家电网公司变电验收管理规定（试行）》	现场检查	□是 □否	
		III	④接地：66kV及以上电压互感器构支架应有两点与主地网不同点连接，接地引下线规格满足设计要求，导通良好	《国家电网有限公司十八项电网重大反事故措施（2018年修订版）》	现场检查	□是 □否	
6.1.6	互感器二次系统验收	II	①二次端子的接线牢固、整齐并有防松功能，装蝶型垫片及防松螺母。二次端子不应短路，应单点接地。控制电缆备用芯应加装保护帽	《国家电网公司变电验收管理规定（试行）》	现场检查	□是 □否	
		II	②二次引线端子应有防转动措施，防止外部操作造成内部引线扭断	《国家电网公司变电验收管理规定（试行）》	现场检查	□是 □否	
		II	③二次电缆穿线管端部应封堵良好，并将上端与设备的底座和金属外壳良好焊接，下端就近与主接地网良好焊接	《国家电网公司变电验收管理规定（试行）》	现场检查	□是 □否	
		II	④二次端子标志明晰	《国家电网公司变电验收管理规定（试行）》	现场检查	□是 □否	
		II	⑤电缆的防水性能验收：电缆如未加装固定头，应由内向外封堵电缆孔洞	《国家电网公司变电验收管理规定（试行）》	现场检查	□是 □否	
6.1.7	设备名称标示牌	I	设备标示牌齐全、正确	《国家电网公司变电验收管理规定（试行）》	现场检查	□是 □否	
6.1.8	外装式消谐装置	I	外观良好，安装牢固；应有检验报告	《国家电网公司变电验收管理规定（试行）》	现场检查	□是 □否	

续表

序号	监督项目	权重	监 督 标 准	监 督 依 据	监督方式	是否合格	监督问题说明
6.2	**交接试验检查**						
6.2.1	电容式电压互感器（CVT）检测	II	①电容量初始值不超过 ±2%；tanδ≤0.005（油纸绝缘），tanδ≤0.0025（膜纸复合）	《国家电网公司关于印发电网设备技术标准差异条款统一意见的通知》	资料检查	□是　□否	
		II	②叠装结构 CVT 电磁单元因结构原因不易将中压连线引出时，可不进行电容量和介质损耗试验，但必须进行误差试验	《电气装置安装工程　电气设备交接试验标准》（GB 50150—2016）	资料检查	□是　□否	
		II	③CVT 误差试验应在支架（柱）上进行	《电气装置安装工程　电气设备交接试验标准》（GB 50150—2016）	资料检查	□是　□否	
6.2.2	电磁式电压互感器的励磁曲线测量	II	①测量点电压为 20%，50%，80%，100%，120%	《电气装置安装工程　电气设备交接试验标准》（GB 50150—2016）	资料检查	□是　□否	
		II	②对于中性点非有效接地系统的互感器，最高测量点为 190%	《电气装置安装工程　电气设备交接试验标准》（GB 50150—2016）	资料检查	□是　□否	
		II	③100%电压测量点，励磁电流不大于出厂试验报告和型式试验报告测量值 30%	《电气装置安装工程　电气设备交接试验标准》（GB 50150—2016）	资料检查	□是　□否	
		II	④同批次、同型号、同规格电压互感器同一测量点的励磁电流不宜相差 30%	《电气装置安装工程　电气设备交接试验标准》（GB 50150—2016）	资料检查	□是　□否	
6.2.3	电压互感器交流耐压试验	III	①所有 66kV 及以上的 SF$_6$ 气体绝缘互感器均须进行交接交流耐压试验，试验前进行老练试验，试验电压为出厂试验值的 80%	《国家电网有限公司十八项电网重大反事故措施（2018 年修订版）》	资料检查	□是　□否	
		III	②二次绕组之间及其对外壳的工频耐压试验电压标准应为 2kV；电压等级 66kV 及以上的电压互感器接地端（N）对地的工频耐压试验电压标准应为 2kV，可以用 2500V 兆欧表测量绝缘电阻试验替代	《电气装置安装工程　电气设备交接试验标准》（GB 50150—2016）	资料检查	□是　□否	

续表

序号	监督项目	权重	监 督 标 准	监 督 依 据	监督方式	是否合格	监督问题说明
6.2.3	电压互感器交流耐压试验	III	③油浸式设备在交流耐压试验前，66kV 设备静置时间不小于 24h，220kV 设备静置时间不小于 48h，500kV 设备静置时间不小于 72h	《国家电网有限公司十八项电网重大反事故措施（2018 年修订版）》	资料检查	□是　□否	
6.2.4	电压互感器绕组直阻	I	一次绕组直流电阻测量值与换算到同一温度下的出厂值比较，相差不宜大于 10%；二次绕组直流电阻测量值与换算到同一温度下的出厂值比较，相差不宜大于 15%	《电气装置安装工程　电气设备交接试验标准》（GB 50150—2016）	资料检查	□是　□否	
6.2.5	交流耐压试验前后绝缘油油中溶解气体分析（按制造厂相关规定执行）	III	66kV 及以上电压等级的油浸式电压互感器交流耐压试验前后应进行油中溶解气体分析，两次测得值相比不应有明显的差别，且满足 220kV 及以下：$H_2 < 100\mu L/L$、乙炔 $< 0.1\mu L/L$、总烃 $< 10\mu L/L$；500kV：$H_2 < 50\mu L/L$、乙炔 $< 0.1\mu L/L$、总烃 $< 10\mu L/L$	《电气装置安装工程　电气设备交接试验标准》（GB 50150—2016）	资料检查	□是　□否	
6.2.6	SF_6 气体试验	III	①SF_6 气体微水测量应在充气静置 24h 后进行	《电气装置安装工程　电气设备交接试验规程》（GB 50150—2016）	资料检查	□是　□否	
		III	②投运前、交接时 SF_6 气体湿度（20℃）≤250μL/L	《六氟化硫电气设备中气体管理和检测导则》（GB 8905—2012）	资料检查	□是　□否	
6.2.7	气体密度继电器和压力表检查	I	气体绝缘互感器所配置的密度继电器、压力表等应经校验合格，并满足现场不拆装校验条件，即安装控制阀门	《国家电网有限公司十八项电网重大反事故措施（2018 年修订版）》	资料检查	□是　□否	
6.2.8	绝缘油试验（电磁式）	III	①色谱试验：按照 GB/T 7252《变压器油中溶解气体分析和判断导则》进行，电压等级在 66kV 以上的油浸式互感器，应在耐压和局部放电试验前后各进行一次油色谱试验，满足总烃 $< 10\mu L/L$，$H_2 < 50\mu L/L$，$C_2H_2 < 0.1$	《国家电网公司变电验收管理规定（试行）》	资料检查	□是　□否	
		III	② 注入设备的新油击穿电压应满足：500kV，≥60kV；66~220kV，≥40kV	《国家电网公司变电验收管理规定（试行）》	资料检查	□是　□否	

续表

序号	监督项目	权重	监督标准	监督依据	监督方式	是否合格	监督问题说明
6.2.8	绝缘油试验（电磁式）	III	③水分（mL/L）含量满足：500kV 及以上，≤10；220kV，≤15；66kV 及以下电压等级，≤20	《国家电网公司变电验收管理规定（试行）》	资料检查	□是　□否	
		III	④介质损耗因数 tanδ：90℃时，注入电气设备前≤0.005，注入电气设备后≤0.007	《国家电网公司变电验收管理规定（试行）》	资料检查	□是　□否	
6.2.9	绕组的绝缘电阻	I	一次绕组对二次绕组及外壳，各二次绕组间及其对外壳的绝缘电阻不低于 1000MΩ	《电气装置安装工程　电气设备交接试验规程》（GB 50150—2016）	资料检查	□是　□否	
6.2.10	66kV 及以上电压等级的介质损耗角正切值 tanδ 和电容量	II	①电容式电压互感器应满足：电容量初值差不超过±2%	《电气装置安装工程　电气设备交接试验规程》（GB 50150—2016）	资料检查	□是　□否	
		II	②电磁式电压互感器介质损耗因数≤0.005（油纸绝缘），电容式电压互感器≤0.0015（膜纸复合）	《电气装置安装工程　电气设备交接试验规程》（GB 50150—2016）	资料检查	□是　□否	
		II	③66kV 及以上电磁式应满足：串级式介质损耗因数≤0.02，非串级式介质损耗因数≤0.005	《电气装置安装工程　电气设备交接试验规程》（GB 50150—2016）	资料检查	□是　□否	
6.2.11	密封性能检查	II	油浸式电压互感器外表应无可见油渍	《国家电网公司变电验收管理规定（试行）》	资料检查	□是　□否	
6.2.12	极性检测	II	减极性	《电气装置安装工程　电气设备交接试验规程》（GB 50150—2016）	资料检查	□是　□否	
6.2.13	电磁式电压互感器空载电流测试	II	电磁式电压互感器在交接试验时，应进行空载电流测量。励磁特性的拐点电压应大于 $1.5U_m/\sqrt{3}$（中性点有效接地系统）或 $1.9U_m/\sqrt{3}$（中性点非有效接地系统）	《国家电网有限公司十八项电网重大反事故措施（2018 年修订版）》	资料检查	□是　□否	
6.3	**资料检查**						
6.3.1	技术资料完整性	I	①设备技术规范、制造厂产品说明书、安装图纸、安装技术记录、质量检验及评定资料应齐全、完整	《电气装置安装工程　电力变压器、油浸电抗器、互感器施工及验收规范》（GB 50148—2010）	资料检查	□是　□否	

序号	监督项目	权重	监 督 标 准	监 督 依 据	监督方式	是否合格	监督问题说明
6.3.1	技术资料完整性	I	②气体绝缘互感器所配置的密度继电器、压力表等应具有有效的检定证书	《电气装置安装工程 电力变压器、油浸电抗器、互感器施工及验收规范》(GB 50148—2010)	资料检查	□是　□否	
6.3.2	试验报告完整性	I	出厂试验报告及交接试验报告的数量与实际设备应相符。报告中的设备编号、型号等主要参数与实际设备相符,试验项目齐全且无不合格的试验结果	《电气装置安装工程 电气设备交接试验规程》(GB 50150—2016)、《国家电网公司物资采购标准 交流电压互感器卷》(2014版)、《国家电网有限公司十八项电网重大反事故措施(2018年修订版)》	资料检查	□是　□否	

7 避雷器检查

序号	监督项目	权重	监督标准	监督依据	监督方式	是否合格	监督问题说明
7.1	**本体及外观检查**						
7.1.1	外观检查	II	①瓷套无裂纹，无破损、脱釉，外观清洁，瓷铁粘合应牢固	《国家电网公司变电验收管理规定（试行）》	现场检查	□是　□否	
		II	②复合外套无破损、变形	《国家电网公司变电验收管理规定（试行）》	现场检查	□是　□否	
		III	③底座固定牢靠，接地引下线连接良好	《国家电网公司变电验收管理规定（试行）》	现场检查	□是　□否	
		I	④铭牌齐全，相序正确	《国家电网公司变电验收管理规定（试行）》	现场检查	□是　□否	
7.1.2	本体安装	I	①安装牢固，垂直度应符合产品技术文件要求	《国家电网公司变电验收管理规定（试行）》	现场检查、资料检查	□是　□否	
		I	②各节位置应符合产品出厂标志的编号	《国家电网公司变电验收管理规定（试行）》	现场检查	□是　□否	
		IV	③220kV及以上电压等级瓷外套避雷器安装前应检查避雷器上下法兰是否胶装正确，下法兰应设置排水孔	《国家电网公司变电验收管理规定（试行）》	现场检查	□是　□否	
7.1.3	均压环	I	①均压环应无划痕、毛刺及变形	《国家电网公司变电验收管理规定（试行）》	现场检查	□是　□否	
		I	②与本体连接良好，安装应牢固、平正，不得影响接线板的接线，并宜在均压环最低处打排水孔	《国家电网公司变电验收管理规定（试行）》	现场检查	□是　□否	

续表

序号	监督项目	权重	监 督 标 准	监 督 依 据	监督方式	是否合格	监督问题说明
7.1.4	压力释放通道	I	避雷器压力释放通道应通畅，安装方向正确，不能朝向设备、巡视通道，排出的气体不致引起相间或对地闪络，并不得喷及其他电气设备	《避雷器全过程技术监督精益化管理实施细则》	现场检查	□是　□否	
7.1.5	泄漏电流监测装置	IV	①密封良好、内部无受潮现象，66kV及以上电压等级避雷器应安装与电压等级相符的交流泄漏电流监测装置	《国网公司十八项电网重大反事故措施（2018年修订版）》	现场检查	□是　□否	
		I	②安装位置一致，高度适中，便于观察以及测量泄漏电流值，计数值应调至同一值	《国家电网公司变电验收管理规定（试行）》	现场检查	□是　□否	
		I	③接线柱引出小套管清洁、无破损，接线紧固	《国家电网公司变电验收管理规定（试行）》	现场检查	□是　□否	
		I	④监测装置应安装牢固、接地可靠，紧固件不宜作为导流通道	《国家电网公司变电验收管理规定（试行）》	现场检查	□是　□否	
		I	⑤监测装置宜安装在可带电更换的位置	《国家电网公司变电验收管理规定（试行）》	现场检查	□是　□否	
7.1.6	串联间隙（如有）	I	①外观良好，无损坏变形；若间隙有支撑件，支撑件外绝缘应与本体外绝缘要求一致	《避雷器全过程技术监督精益化管理实施细则》	现场检查	□是　□否	
		I	②串联间隙的距离尺寸应在制造厂宣称带间隙避雷器的间隙尺寸及其公差范围内	《避雷器全过程技术监督精益化管理实施细则》	现场检查、资料检查	□是　□否	
7.1.7	外部连接	I	①引线不得存在断股、散股现象，长短合适，不宜垂直连接，无过紧现象或风偏的隐患	《国家电网公司变电验收管理规定（试行）》《避雷器全过程技术监督精益化管理实施细则》	现场检查	□是　□否	
		I	②一次接线线夹无开裂痕迹，不得使用铜铝式对接线夹；线径为400mm²及以上的、压接孔向上30°～90°的压接线夹，应打排水孔，对66kV及以上设备，线夹应为双孔连接	《国家电网公司变电验收管理规定（试行）》《避雷器全过程技术监督精益化管理实施细则》	现场检查	□是　□否	

续表

序号	监督项目	权重	监 督 标 准	监 督 依 据	监督方式	是否合格	监督问题说明
7.1.7	外部连接	I	③各接触表面无锈蚀现象	《国家电网公司变电验收管理规定（试行）》《避雷器全过程技术监督精益化管理实施细则》	现场检查	□是　□否	
		I	④连接件应采用热镀锌材料，并至少两点固定	《国家电网公司变电验收管理规定（试行）》《避雷器全过程技术监督精益化管理实施细则》	现场检查	□是　□否	
		I	⑤采用螺栓连接时，必须使用弹簧垫片。系统标称电压66kV以上避雷器的引流线接线板严禁使用铜铝过渡线夹	《国家电网公司变电验收管理规定（试行）》《避雷器全过程技术监督精益化管理实施细则》	现场检查	□是　□否	
7.1.8	220kV 线路避雷器加装	IV	220kV 线路出口应加装避雷器	《国网公司十八项电网重大反事故措施（2018年修订版）》	现场检查	□是　□否	
7.1.9	变压器中性点过电压保护	IV	220kV 不接地变压器的中性点过电压保护应采用水平布置的棒间隙并联避雷器保护方式，间隙距离应为 385mm±5mm，应选择额定电压为144kV的避雷器	《交流电气装置的过电压保护和绝缘配合设计规范》（GB 50064—2014）	现场检查、资料检查	□是　□否	
7.2　交接试验检查							
7.2.1	交接试验原始记录检查	III	①试验项目齐全：a）测量金属氧化物避雷器及基座绝缘电阻；b）测量金属氧化物避雷器的工频参考电压和持续电流；c）测量金属氧化物避雷器直流参考电压和 0.75 倍直流参考电压下的泄漏电流；d）检查放电计数器动作情况及监视电流表指示；e）工频放电压试验	《避雷器全过程技术监督精益化管理实施细则》	资料检查	□是　□否	
		III	②带均压电容器的金属氧化物避雷器，应做工频参考电压及持续电流测试	《避雷器全过程技术监督精益化管理实施细则》	资料检查	□是　□否	
		III	③66kV 及以上复合外套避雷器、500kV 及以上电压等级避雷器应进行最大持续运行电压下的泄漏电流及其阻性电流和直流参考电压及 0.75 倍直流参考电压下的泄漏电流测试	《避雷器全过程技术监督精益化管理实施细则》	资料检查	□是　□否	

续表

序号	监督项目	权重	监 督 标 准	监 督 依 据	监督方式	是否合格	监督问题说明
7.2.1	交接试验原始记录检查	III	④试验结果合格，满足标准要求，试验记录应完整、规范，至少应包括试验日期、环境条件、试验项目、试验用仪器的型号、主要参数、出厂编号、被试品主要参数、试验人员、试验结果及结论等	《避雷器全过程技术监督精益化管理实施细则》	资料检查	□是 □否	
7.2.2	避雷器及基座绝缘电阻测试	III	避雷器采用 5000V 兆欧表，绝缘电阻不小于 2500MΩ；基座采用 2500V 及以上兆欧表，基座绝缘电阻不低于 5MΩ	《避雷器全过程技术监督精益化管理实施细则》	资料检查	□是 □否	
7.2.3	直流参考电压和 0.75 倍直流参考电压下的泄漏电流测试	IV	直流参考电压实测值与出厂值比较，变化不应大于±5%，且不应小于《交流无间隙金属氧化物避雷器》（GB 11032—2010）规定值，0.75 倍直流参考电压下的泄漏电流值不应大于 50μA，或符合产品技术条件的规定	《避雷器全过程技术监督精益化管理实施细则》	资料检查	□是 □否	
7.2.4	工频参考电压及持续电流测试	IV	①工频参考电压应符合《交流无间隙金属氧化物避雷器》（GB 11032—2010）或产品技术条件的规定，不小于制造厂提供的最小工频参考电压值	《避雷器全过程技术监督精益化管理实施细则》	资料检查	□是 □否	
		IV	②全电流和阻性电流符合制造厂技术规定	《避雷器全过程技术监督精益化管理实施细则》	资料检查	□是 □否	
7.2.5	放电计数器动作试验及泄漏电流表检验	III	①放电计数器动作应可靠	《国家电网公司变电验收管理规定（试行）》	资料检查	□是 □否	
		III	②泄漏电流指示良好，准确等级不低于 5 级	《国家电网公司变电验收管理规定（试行）》	资料检查	□是 □否	
7.2.6	在线监测装置现场试验（如有）	III	①在线监测装置的接入不应改变被监测设备的电气连接方式、密封性能、绝缘性能及机械性能；电流信号取样回路应具有防止开路的保护功能；电压信号取样回路应具有防止短路的保护功能；接地引下线应保证可靠接地，满足相应的通流能力，不影响被监测设备的安全运行	《避雷器全过程技术监督精益化管理实施细则》	资料检查	□是 □否	

序号	监督项目	权重	监督标准	监督依据	监督方式	是否合格	监督问题说明
7.2.6	在线监测装置现场试验（如有）	III	②应进行误差试验，要求如下：a）全电流测量范围为 100μA～50mA，测量误差不大于±（标准读数×2%＋5μA），重复性测试 RSD＜0.5%；b）阻性电流测量范围为 10μA～10mA，测量误差不大于±（标准读数×5%＋2μA），重复性测试 RSD＜2%，抗干扰能力在检测电流信号中依次施加 3、5、7 次谐波电流时，测量误差仍能满足要求；c）阻容比值测量范围为 0.05～0.5，测量误差不大于±（标准读数×2%＋0.01），重复性测试 RSD＜2%，抗干扰能力在检测电流信号中依次 施加 3、5、7 次谐波电流时，测量误差仍能满足要求	《避雷器全过程技术监督精益化管理实施细则》	资料检查	□是　□否	
7.3　资料检查							
7.3.1	安装使用说明书、图纸等技术文件	I	资料齐全	《国家电网公司变电验收管理规定（试行）》	资料检查	□是　□否	
7.3.2	出厂试验报告	I	资料齐全，数据合格	《国家电网公司变电验收管理规定（试行）》	资料检查	□是　□否	
7.3.3	交接试验报告	I	项目齐全，数据合格	《国家电网公司变电验收管理规定（试行）》	资料检查	□是　□否	
7.3.4	安装竣工图纸	I	资料齐全	《国家电网公司变电验收管理规定（试行）》	资料检查	□是　□否	

8 接地装置检查

序号	监督项目	权重	监 督 标 准	监 督 依 据	监督方式	是否合格	监督问题说明
8.1 本体及外观检查							
8.1.1	接地引下线外观	I	①接地引下线的安装位置应合理，便于检查，不妨碍设备检修和运行巡视	《国家电网公司变电验收管理规定（试行）》	现场检查	□是 □否	
		I	②接地引下线的安装应美观、尽量顺直，无锈蚀、伤痕、断裂	《国家电网公司变电验收管理规定（试行）》	现场检查	□是 □否	
		I	③接地引下线连接处应有 15～100mm 宽度相等的黄绿相间色漆或色带，应做防腐处理	《国家电网公司变电验收管理规定（试行）》	现场检查	□是 □否	
8.1.2	接地引下线连接	I	①接地引下线至电气设备上的连接应采用螺栓连接或焊接，接地引下线应连接可靠，用螺栓连接时应设防松螺母或防松垫片	《国家电网公司变电验收管理规定（试行）》	现场检查	□是 □否	
		III	②变压器中性点应有两根与主地网不同干线连接的接地引下线，并且每根接地引下线均应符合热稳定校核的要求；主设备及设备架构等应有两根与主地网不同干线连接的接地引下线，并且每根接地引下线均应符合热稳定校核的要求	《国家电网公司十八项电网重大反事故措施（2018 年修订版）》	现场检查	□是 □否	
8.1.3	标志检查	I	引向建筑物的入口处和检修临时接地点应设有"⏚"接地标志，刷白色底漆并标以黑色标志	《国家电网公司变电验收管理规定（试行）》	现场检查	□是 □否	
8.1.4	接地装置导体截面及厚度	II	钢接地体及铜接地体的规格满足设计要求，且不小于如下最小允许规格：	《电气装置安装工程 接地装置施工及验收规范》（GB 50169—2016）	资料检查	□是 □否	

续表

序号	监督项目	权重	监督标准	监督依据	监督方式	是否合格	监督问题说明
8.1.4	接地装置导体截面及厚度	II		《电气装置安装工程 接地装置施工及验收规范》（GB 50169—2016）	资料检查	□是 □否	
8.1.5	垂直接地体敷设	II	垂直接地体的材料规格符合设计要求，镀锌层表面完好，接地体（顶面）埋深不小于600mm，接地体间距离应大于2倍接地体长度	《电气装置安装工程 质量检验及评定规程 第6部分：接地装置施工质量检验》（DL/T 5161.6—2002）	资料检查	□是 □否	
8.1.6	水平接地体敷设	I	①扁钢截面积及厚度符合设计要求	《电气装置安装工程 质量检验及评定规程 第6部分：接地装置施工质量检验》（DL/T 5161.6—2002）	资料检查	□是 □否	

监督标准（8.1.4）：

种类、规格及单位	地上		地下	
	室内	室外	交流电流回路	直流电流回路
圆钢直径（mm）	6	8	10	12
扁钢 截面积（mm²）	60	100	100	100
扁钢 厚度（mm）	3	4	4	6
角钢厚度（mm）	2	2.5	4	6
钢管管壁厚度（mm）	3.5	2.5	3.5	4.5

种类、规格及单位	地上	地下
铜棒直径（mm）	4	6
铜排截面积（mm²）	10	30
钢管管壁厚度（mm）	2	3

续表

序号	监督项目	权重	监 督 标 准	监 督 依 据	监督方式	是否合格	监督问题说明
8.1.6	水平接地体敷设	I	②接地体入地下最高点与地面距离（埋深）≥600mm	《电气装置安装工程 质量检验及评定规程 第6部分：接地装置施工质量检验》（DL/T 5161.6—2002）	资料检查	□是 □否	
		I	③通过公路处接地体的埋设深度符合设计要求	《电气装置安装工程 质量检验及评定规程 第6部分：接地装置施工质量检验》（DL/T 5161.6—2002）	资料检查	□是 □否	
		I	④接地体外缘闭合角为圆弧形	《电气装置安装工程 质量检验及评定规程 第6部分：接地装置施工质量检验》（DL/T 5161.6—2002）	资料检查	□是 □否	
		I	⑤接地体圆弧弯曲半径为1/2均压带间距离	《电气装置安装工程 质量检验及评定规程 第6部分：接地装置施工质量检验》（DL/T 5161.6—2002）	资料检查	□是 □否	
		I	⑥相邻两接地体间距离≥5m（或按设计要求）	《电气装置安装工程 质量检验及评定规程 第6部分：接地装置施工质量检验》（DL/T 5161.6—2002）	资料检查	□是 □否	
		I	⑦接地体与建筑物距离符合设计规定	《电气装置安装工程 质量检验及评定规程 第6部分：接地装置施工质量检验》（DL/T 5161.6—2002）	资料检查	□是 □否	
		I	⑧通过公路、铁路、管道等交叉处及可能遭机械损伤处的保护用角钢覆盖或穿钢管	《电气装置安装工程 质量检验及评定规程 第6部分：接地装置施工质量检验》（DL/T 5161.6—2002）	现场检查、资料检查	□是 □否	

序号	监督项目	权重	监督标准	监督依据	监督方式	是否合格	监督问题说明
8.1.6	水平接地体敷设	I	⑨通过墙壁时的保护应有明孔、钢管或其他坚固保护套	《电气装置安装工程 质量检验及评定规程 第6部分：接地装置施工质量检验》（DL/T 5161.6—2002）	现场检查、资料检查	□是 □否	
		I	⑩接地体引出线应刷防腐漆、采用镀锌件时锌层应完好	《电气装置安装工程 质量检验及评定规程 第6部分：接地装置施工质量检验》（DL/T 5161.6—2002）	现场检查	□是 □否	
8.1.7	接地装置连接	II	①接地装置连接部位的搭接长度应符合：扁钢与扁钢≥2倍宽度，且焊接面≥3面；圆钢与圆钢或圆钢与扁钢≥6倍圆钢直径；扁钢与钢管（角钢）接触部位两侧焊接，并焊以固定卡子	《电气装置安装工程 质量检验及评定规程 第6部分：接地装置施工质量检验》（DL/T 5161.6—2002）	现场检查、资料检查	□是 □否	
		II	②焊接部位应牢固且表面应做防腐处理，与其他接地装置间的连接点不少于2点（或按设计规定）	《电气装置安装工程 质量检验及评定规程 第6部分：接地装置施工质量检验》（DL/T 5161.6—2002）	现场检查、资料检查	□是 □否	
		I	③螺栓连接时，应使用防松螺母或防松垫片	《电气装置安装工程 质量检验及评定规程 第6部分：接地装置施工质量检验》（DL/T 5161.6—2002）	现场检查、资料检查	□是 □否	
		III	④各设备与主地网的连接必须可靠，扩建地网与原地网间应为多点连接	《电气装置安装工程 质量检验及评定规程 第6部分：接地装置施工质量检验》（DL/T 5161.6—2002）	现场检查、资料检查	□是 □否	
		III	⑤变电站内接地装置宜采用同一种材料。当采用不同材料进行混连时，地下部分应采用同一种材料连接	《国家电网公司十八项电网重大反事故措施（2018年修订版）》	资料检查	□是 □否	

续表

序号	监督项目	权重	监 督 标 准	监 督 依 据	监督方式	是否合格	监督问题说明
8.1.8	屋内接地装置	I	①明敷设接地线应便于检查,不妨碍设备拆卸检修	《电气装置安装工程 质量检验及评定规程 第6部分:接地装置施工质量检验》(DL/T 5161.6—2002)	现场检查	□是 □否	
		I	②支持件安装固定,支持件间距应满足:水平直线部分0.5~1.5m;垂直部分1.5~3m;转弯部分0.3~0.5m	《电气装置安装工程 质量检验及评定规程 第6部分:接地装置施工质量检验》(DL/T 5161.6—2002)	现场检查、资料检查	□是 □否	
		I	③沿墙壁或建筑物敷设时应与墙壁或建筑物平行,与墙壁间隔10~15mm,距地面高度250~300mm	《电气装置安装工程 质量检验及评定规程 第6部分:接地装置施工质量检验》(DL/T 5161.6—2002)	现场检查、资料检查	□是 □否	
		I	④跨越建筑物伸缩缝或沉降缝处应有补偿装置	《电气装置安装工程 质量检验及评定规程 第6部分:接地装置施工质量检验》(DL/T 5161.6—2002)	现场检查、资料检查	□是 □否	
		I	⑤穿过墙壁、楼板处应加装钢管或坚固的保护管	《电气装置安装工程 质量检验及评定规程 第6部分:接地装置施工质量检验》(DL/T 5161.6—2002)	现场检查、资料检查	□是 □否	
		I	⑥接地体连接应满足:采用搭接焊方式,扁钢搭接长度≥2倍宽度,焊接面数≥3面;焊接部位应牢固,焊接部位表面应做防腐处理	《电气装置安装工程 质量检验及评定规程 第6部分:接地装置施工质量检验》(DL/T 5161.6—2002)	现场检查、资料检查	□是 □否	
		I	⑦与屋外或其他接地装置连接点数≥2点,接地线与支持件间连接应牢固	《电气装置安装工程 质量检验及评定规程 第6部分:接地装置施工质量检验》(DL/T 5161.6—2002)	现场检查、资料检查	□是 □否	

续表

序号	监督项目	权重	监督标准	监督依据	监督方式	是否合格	监督问题说明
8.1.9	二次侧接地网连接	III	变电站控制室及保护小室应独立敷设与主接地网单点连接的二次等电位接地网，二次等电位接地点应有明显标志	《国家电网公司十八项电网重大反事故措施（2018年修订版）》	现场检查、资料检查	□是　□否	
8.2　交接试验检查							
8.2.1	电气完整性试验	IV	①测试的范围应包括各个电压等级的场区之间；各高压和低压设备，包括构架、分线箱、汇控箱、电源箱等；主控及内部各接地干线，场区内和附近的通信及内部各接地干线；独立避雷针及微波塔与主地网之间；以及其他必要部分与主地网之间。 测试仪器的分辨率应不大于1mΩ，准确度不低于1.0级。 测试结果在规定范围内：a）状况良好的设备测试值应在50mΩ以下；b）50～200mΩ的设备状况尚可，宜在以后例行测试中重点关注其变化，重要的设备宜在适当时候检查处理；c）独立避雷针的测试值应在500mΩ以上，否则视为没有独立	《接地装置特性参数测量导则》（DL/T 475—2017）	现场检查、资料检查	□是　□否	
8.2.2	工频接地阻抗测试	IV	①采用异频法时试验电流应不小于3A，频率应选择40～60Hz之间；工频大电流法时试验电流不小于50A，并且采用独立电源或经隔离变压器供电	《接地装置特性参数测量导则》（DL/T 475—2017）	现场检查、资料检查	□是　□否	
		IV	②测试接地装置工频特性参数的电流极应布置得尽量远，通常电流极与被试接地装置边缘的距离 d_{CG} 应为被试接地装置最大对角线长度 D 的4～5倍	《接地装置特性参数测量导则》（DL/T 475—2017）	现场检查、资料检查	□是　□否	
		IV	③试验电流注入点的选取应选择单相接地短路电流大的场区里，电气导通测试中结果良好的设备接地引下线处	《接地装置特性参数测量导则》（DL/T 475—2017）	现场检查、资料检查	□是　□否	

续表

序号	监督项目	权重	监督标准	监督依据	监督方式	是否合格	监督问题说明
8.2.2	工频接地阻抗测试	IV	④测试时应排除架空避雷线和电缆金属屏蔽的分流影响	《接地装置特性参数测量导则》（DL/T 475—2017）	现场检查、资料检查	□是 □否	
		IV	⑤测试结果应不大于设计值	《接地装置特性参数测量导则》（DL/T 475—2017）	现场检查、资料检查	□是 □否	
8.2.3	跨步电位差、接触电位差测试要求	IV	①跨步电位差、接触电位差测试仪器，电压表分辨率不低于 0.1mV	《接地装置特性参数测量导则》（DL/T 475—2017）	现场检查、资料检查	□是 □否	
		IV	②测试结果应不大于安全限值	《接地装置特性参数测量导则》（DL/T 475—2017）	现场检查、资料检查	□是 □否	
		IV	③试验方法满足测试要求，重点是场区边缘的和运行人员常接触的设备	《接地装置特性参数测量导则》（DL/T 475—2017）	现场检查、资料检查	□是 □否	
8.3	**资料检查**						
8.3.1	设计计算书及变更设计的证明文件	IV	资料齐全	《电气装置安装工程 接地装置施工及验收规范》（GB 50169—2016）	资料检查	□是 □否	
8.3.2	重要材料和附件的出厂检验报告	I	资料齐全，数据合格	《国家电网公司变电验收管理规定（试行）》	资料检查	□是 □否	
8.3.3	实际施工的记录图，安装检查及安装过程记录（包括隐蔽工程记录和照片等）等技术文件	I	记录齐全，数据合格	《国家电网公司变电验收管理规定（试行）》	资料检查	□是 □否	
8.3.4	安装过程中设备缺陷通知单、设备缺陷处理记录	I	记录齐全	《国家电网公司变电验收管理规定（试行）》	资料检查	□是 □否	

续表

序号	监督项目	权重	监 督 标 准	监 督 依 据	监督方式	是否合格	监督问题说明
8.3.5	测试记录及交接试验报告	II	资料齐全，数据合格	《国家电网公司变电验收管理规定（试行）》	资料检查	□是 □否	
8.3.6	安装质量检验及评定报告	I	项目齐全、质量合格	《国家电网公司变电验收管理规定（试行）》	资料检查	□是 □否	

9 电容器检查

序号	监督项目	权重	监 督 标 准	监 督 依 据	监督方式	是否合格	监督问题说明
9.1 整体及外观检查							
9.1.1	框架式电容器组外观检查	II	①组内所有设备无明显变形,外表无锈蚀、破损及渗漏	《国家电网公司变电验收管理规定(试行)》《电气装置安装工程施工及验收规范》(GB 50147—2010)	现场检查	□是 □否	
		II	②66kV 及以下电容器组连接母排应绝缘化处理	《国家电网公司变电验收管理规定(试行)》	现场检查	□是 □否	
		II	③电容器组整体容量、接线方式等铭牌参数应与设计要求相符	《国家电网公司变电验收管理规定(试行)》《电气装置安装工程施工及验收规范》(GB 50147—2010)	现场检查、资料检查	□是 □否	
		I	④电容器应从高压入口侧依次进行编号,编号面向巡视侧,电容器身上编号清晰、标示项目醒目	《国家电网公司变电验收管理规定(试行)》《电气装置安装工程施工及验收规范》(GB 50147—2010)	现场检查	□是 □否	
		I	⑤运行编号标志清晰、正确可识别	《国家电网公司变电验收管理规定(试行)》《电气装置安装工程施工及验收规范》(GB 50147—2010)	现场检查	□是 □否	
9.1.2	围栏	II	①电容器组四周装设封闭式围栏并可靠闭锁,接地良好;围栏高度应在 1.7m 以上并悬挂标示牌,安全距离符合《国家电网公司电力安全工作规程(变电部分)》要求	《国家电网公司变电验收管理规定(试行)》	现场检查	□是 □否	
		II	②电容器组围栏应完整,当电容器组采用空心电抗器时,如使用金属围栏则应留有防止产生感应电流的间隙	《国家电网公司变电验收管理规定(试行)》	现场检查	□是 □否	

序号	监督项目	权重	监督标准	监督依据	监督方式	是否合格	监督问题说明
9.1.3	铭牌	I	①铭牌材质应为防锈材料，无锈蚀；铭牌参数齐全、正确	《国家电网公司变电验收管理规定（试行）》《电气装置安装工程施工及验收规范》(GB 50147—2010)	现场检查	□是　□否	
		I	②安装在便于查看的位置上，电容器单元铭牌一致向外，面向巡检通道	《国家电网公司变电验收管理规定（试行）》《电气装置安装工程施工及验收规范》(GB 50147—2010)	现场检查	□是　□否	
9.1.4	相序	I	相序标识清晰正确	《国家电网公司变电验收管理规定（试行）》	现场检查	□是　□否	
9.1.5	构架及基础	I	①对地绝缘的电容器外壳和构架一起连接到规定电位上，接线应牢固可靠	《国家电网公司变电验收管理规定（试行）》《电气装置安装工程施工及验收规范》(GB 50147—2010)	现场检查	□是　□否	
		II	②框架应保持其应有的水平及垂直位置，无变形，防腐良好，紧固件齐全，全部采用热镀锌	《国家电网公司变电验收管理规定（试行）》《电气装置安装工程施工及验收规范》(GB 50147—2010)	现场检查	□是　□否	
		I	③室外电容器围栏内地坪应采用水泥硬化，留有排水孔	《国家电网公司变电验收管理规定（试行）》	现场检查	□是　□否	
9.1.6	电容器室	II	安装在室内的电容器组，电容器室应装有通风装置	《国家电网公司变电验收管理规定（试行）》《电气装置安装工程施工及验收规范》(GB 50147—2010)	现场检查	□是　□否	
9.2	**电容器单元检查**						
9.2.1	外观检查	II	①外壳应无膨胀变形，所有接缝不应有裂缝，外表无锈蚀、无渗漏油	《国家电网公司变电验收管理规定（试行）》	现场检查	□是　□否	
		II	②电容器箱体与框架通过螺栓固定，连接紧固无松动	《国家电网公司变电验收管理规定（试行）》	现场检查	□是　□否	
9.2.2	套管	II	应为一体化压接式套管，无破损、歪斜及渗漏油	《国家电网公司变电验收管理规定（试行）》《电气装置安装工程施工及验收规范》(GB 50147—2010)	现场检查	□是　□否	

续表

序号	监督项目	权重	监 督 标 准	监 督 依 据	监督方式	是否合格	监督问题说明
9.2.3	接头	I	接头应采用专用线夹，紧固良好无松动	《国家电网公司变电验收管理规定（试行）》	现场检查	□是 □否	
9.2.4	接线	IV	①电容器端子间或端子与汇流母线间的连接应采用带绝缘护套的软铜线。新安装电容器的汇流母线应采用铜排	《电容器全过程技术监督精益化管理实施细则》	现场检查	□是 □否	
		IV	②绕组接线无放电痕迹及裂纹，无散股、扭曲、断股现象	《国家电网公司变电验收管理规定（试行）》《电气装置安装工程施工及验收规范》（GB 50147—2010）	现场检查	□是 □否	
		IV	③引线弧度合适，间距符合绝缘要求	《国家电网公司变电验收管理规定（试行）》	现场检查	□是 □否	
		IV	④引线接触面应接触紧密，线端连接用的螺母、垫圈应齐全	《国家电网公司变电验收管理规定（试行）》	现场检查	□是 □否	
		IV	⑤电容器组放电回路与电容器单元两端接线良好	《国家电网公司变电验收管理规定（试行）》《电气装置安装工程施工及验收规范》（GB 50147—2010）	现场检查	□是 □否	
9.3	串联电抗器检查						
9.3.1	外观检查	IV	①户外装设的干式空心电抗器，包封外表面应有防污和防紫外线措施。电抗器外露金属部位应有良好的防腐蚀涂层	《国家电网公司十八项电网重大反事故措施（2018年修订版）》	现场检查	□是 □否	
		IV	②铁心电抗器外绝缘完好，无破损，铁心表面涂层无掉漆现象。包封与支架间紧固带应无松动、断裂，撑条应无脱落	《国家电网公司变电验收管理规定（试行）》	现场检查	□是 □否	

序号	监督项目	权重	监督标准	监督依据	监督方式	是否合格	监督问题说明
9.3.2	安装布置	IV	①新安装的 35kV 及以上干式空心串联电抗器不应采用叠装结构,10kV 干式空心串联电抗器应采取有效措施防止电抗器单相事故发展为相间事故	《国家电网公司十八项电网重大反事故措施(2018 年修订版)》	现场检查	□是 □否	
		IV	②干式铁心电抗器户内安装时,应做好防振动措施	《国家电网公司十八项电网重大反事故措施(2018 年修订版)》	现场检查	□是 □否	
9.3.3	支柱	II	支柱绝缘子应完整,无裂纹及破损,防震垫应齐全	《国家电网公司变电验收管理规定(试行)》	现场检查	□是 □否	
9.3.4	电抗率核对	I	每组电容器组串联电抗器对应的电抗率应核实符合设计要求	《国家电网公司变电验收管理规定(试行)》	现场检查、资料检查	□是 □否	
9.3.5	接地	IV	①干式空心电抗器下方接地线不应构成闭合回路,围栏采用金属材料时,金属围栏禁止连接成闭合回路,应有明显的隔离断开段,并不应通过接地线构成闭合回路	《国家电网公司十八项电网重大反事故措施(2018 年修订版)》	现场检查	□是 □否	
		IV	②铁心电抗器铁心应一点接地	《国家电网公司变电验收管理规定(试行)》	现场检查	□是 □否	
9.3.6	接线	II	①器身接线板连接紧固良好,当引线和接头采用不同材质金属时应采取过渡措施,并不得使用铜铝过渡线夹连接。	《国家电网公司变电验收管理规定(试行)》	现场检查	□是 □否	
		II	②绕组接线无放电痕迹及裂纹,无散股、扭曲、断股现象	《国家电网公司变电验收管理规定(试行)》	现场检查	□是 □否	
		II	③引线弧度合适,相间及对地距离符合绝缘要求	《国家电网公司变电验收管理规定(试行)》	现场检查	□是 □否	
		II	④引出线如有绝缘层,绝缘层应无损伤、裂纹	《国家电网公司变电验收管理规定(试行)》	现场检查	□是 □否	

序号	监督项目	权重	监 督 标 准	监 督 依 据	监督方式	是否合格	监督问题说明
9.3.6	接线	II	⑤电抗器各搭接处均应搭接可靠	《国家电网公司变电验收管理规定（试行）》	现场检查	□是　□否	
		II	⑥所有螺栓应使用非导磁材料，安装紧固，力矩符合要求	《国家电网公司变电验收管理规定（试行）》《电气装置安装工程施工及验收规范》(GB 50147—2010)	现场检查	□是　□否	
9.4 放电线圈检查							
9.4.1	外观检查	IV	新安装放电线圈应采用全密封结构，瓷件或复合绝缘外套无损伤、外壳无渗漏油；接地端应和构架一起连接到规定电位上，接线应牢固可靠	《国家电网公司十八项电网重大反事故措施（2018年修订版）》	现场检查	□是　□否	
9.4.2	接线及结构	II	①放电线圈应采用全密封结构，首末端必须与电容器首末端相连接	《国家电网公司变电验收管理规定（试行）》《国家电网公司十八项电网重大反事故措施（2018年修订版）》	现场检查	□是　□否	
		II	②二次接线板及端子密封完好，无渗漏，清洁无氧化	《国家电网公司变电验收管理规定（试行）》	现场检查	□是　□否	
		II	③引线连接整齐牢固	《国家电网公司变电验收管理规定（试行）》	现场检查	□是　□否	
		II	④放电线圈固定螺栓牢固可靠，无松动	《国家电网公司变电验收管理规定（试行）》《高压并联电容器用放电线圈使用技术条件》(DL/T 653—2009)	现场检查	□是　□否	
		II	⑤校核放电线圈极性和接线应正确无误	《国家电网公司变电验收管理规定（试行）》《高压并联电容器用放电线圈使用技术条件》(DL/T 653—2009)	现场检查	□是　□否	

续表

序号	监督项目	权重	监督标准	监督依据	监督方式	是否合格	监督问题说明
9.5	**避雷器检查（按照《避雷器检查大纲》）**						
9.5.1	针对电容器组的特殊要求	IV	①电容器组过电压保护用金属氧化物避雷器应安装在紧靠电容器组高压侧入口处位置	《国家电网公司变电验收管理规定（试行）》《国家电网公司十八项电网重大反事故措施（2018年修订版）》	现场检查	□是　□否	
		IV	②电容器组过电压保护用金属氧化物避雷器接线方式应采用星形接线，中性点直接接地方式	《国家电网公司十八项电网重大反事故措施（2018年修订版）》	现场检查	□是　□否	
9.6	**隔离开关检查（按照《隔离开关检查大纲》）**						
9.6.1	针对电容器组的特殊要求	II	35kV及以下电容器组用隔离开关应该为带接地开关的结构，接地开关静触头应上置，防止出现刀片因机械限位不足自由垂落至接地刀静触头	《国家电网公司变电验收管理规定（试行）》	现场检查	□是　□否	
9.7	**电容器组整体接地装置检查**						
9.7.1	接地	II	①凡不与地绝缘的电容器外壳及构架均应接地，且有接地标识	《国家电网公司变电验收管理规定（试行）》《电气装置安装工程施工及验收规范》（GB 50147—2010）	现场检查	□是　□否	
		II	②接地端子及构架可靠接地，无伤痕及锈蚀	《国家电网公司变电验收管理规定（试行）》《电气装置安装工程施工及验收规范》（GB 50147—2010）	现场检查	□是　□否	
		II	③接地引下线截面积符合动热稳定要求	《国家电网公司变电验收管理规定（试行）》《电气装置安装工程施工及验收规范》（GB 50147—2010）	现场检查	□是　□否	
		II	④接地引下线采用黄绿相间的色漆或色带标志	《国家电网公司变电验收管理规定（试行）》《电气装置安装工程施工及验收规范》（GB 50147—2010）	现场检查	□是　□否	

序号	监督项目	权重	监督标准	监督依据	监督方式	是否合格	监督问题说明
9.7.1	接地	II	⑤接地引线检查平直牢固，电容器组整体应两点分别接地	《国家电网公司变电验收管理规定（试行）》《电气装置安装工程施工及验收规范》（GB 50147—2010）	现场检查	□是 □否	
9.8 电容器组消防措施检查							
9.8.1	消防措施	I	①室外安装时，地面宜采用水泥沙浆抹面，也可铺碎石	《国家电网公司变电验收管理规定（试行）》	现场检查	□是 □否	
		I	②室内安装时，地面宜采用水泥沙浆抹面并压光，也可铺沙	《国家电网公司变电验收管理规定（试行）》	现场检查	□是 □否	
9.9 交接试验检查							
9.9.1	并联电容器绝缘电阻测量	III	电容器组试验报告应合格、齐全。其中测量绝缘电阻：集合式电容器极对壳绝缘电阻及小套管对地绝缘电阻（采用 1000V 绝缘电阻表测量）均不低于 500MΩ	《国家电网公司变电验收管理规定（试行）》《电容器全过程技术监督精益化管理实施细则》	资料检查	□是 □否	
9.9.2	电容器组电容量测量	IV	电容测量应采用单台电容器测量，计算得到各相、各臂电容量差值的方式。电容和额定电容的相对误差应不超过：a）对电容器单元，－5%～＋5%；b）对于总容量在 3Mvar 及以下电容器组：－5%～＋5%；c）对于总容量在 3Mvar 以上：0%～＋5%；d）三相单元中任何两线路端子之间测得的电容的最大值和最小值之比不应超过 1.08；e）三相电容器组中任何两线路端子之间测得电容的最大值和最小值之比不应大于 1.02；f）三相单元中电容器组中各相电容量的最大值和最小值之比不应大于 1.02	《国家电网公司变电验收管理规定（试行）》《电容器全过程技术监督精益化管理实施细则》	资料检查	□是 □否	
9.9.3	并联电容器交流耐压试验	III	交接试验电压按出厂试验电压值的 75%进行，工频耐受电压施加时间为 1min	《国家电网公司变电验收管理规定（试行）》《电容器全过程技术监督精益化管理实施细则》	资料检查	□是 □否	

序号	监督项目	权重	监督标准	监督依据	监督方式	是否合格	监督问题说明
9.9.4	并联电容器组冲击合闸试验	IV	在电网额定电压下，对电力电容器组的冲击合闸试验应进行 3 次，冲击间隔时间不少于 5min，熔断器不应熔断	《国家电网公司十八项电网重大反事故措施（2018 年修订版）》	资料检查	□是　□否	
9.9.5	串联电抗器直流电阻测量	III	①串联电抗器交接试验报告应合格、齐全，其中三相电抗器绕组直流电阻值相互间差值不应大于三相平均值的 2%	《电容器全过程技术监督精益化管理实施细则》	资料检查	□是　□否	
		III	②同相初值与出厂值比较相应变化不应大于 2%（换算到同温度下）	《电容器全过程技术监督精益化管理实施细则》	资料检查	□是　□否	
		III	③对于立式布置的干式空心电抗器绕组直流电阻值，可不进行三相间的比较	《电容器全过程技术监督精益化管理实施细则》	资料检查	□是　□否	
9.9.6	放电线圈绝缘电阻	III	①一次绕组对二次绕组、铁心和外壳的绝缘电阻不小于 1000MΩ	《电容器全过程技术监督精益化管理实施细则》	资料检查	□是　□否	
		III	②二次绕组对铁心和外壳的绝缘电阻不小于 500MΩ	《电容器全过程技术监督精益化管理实施细则》	资料检查	□是　□否	
9.9.7	油浸式放电线圈介质损耗值	III	35kV 不大于 3%（20℃时），66kV 应不大于 2%（20℃时）	《电容器全过程技术监督精益化管理实施细则》	资料检查	□是　□否	
9.10	**资料检查**						
9.10.1	安装使用说明书、图纸等技术文件	I	资料齐全	《国家电网公司变电验收管理规定（试行）》	资料检查	□是　□否	
9.10.2	出厂试验报告	I	资料齐全，数据合格	《国家电网公司变电验收管理规定（试行）》	资料检查	□是　□否	
9.10.3	交接试验报告	I	项目齐全，数据合格	《国家电网公司变电验收管理规定（试行）》	资料检查	□是　□否	
9.10.4	安装竣工图纸	I	资料齐全	《国家电网公司变电验收管理规定（试行）》	资料检查	□是　□否	

10　干式电抗器检查

序号	监督项目	权重	监　督　标　准	监　督　依　据	监督方式	是否合格	监督问题说明
10.1	**本体及外观检查**						
10.1.1	外观检查	I	①电抗器表面应无破损、脱落或龟裂；表面干净，无脱漆锈蚀，无变形，标志正确、完整	《国家电网公司变电验收管理规定（试行）》	现场检查	□是　□否	
		I	②瓷套表面清洁，无裂纹、无损伤	《国家电网公司变电验收管理规定（试行）》	现场检查	□是　□否	
		I	③包封与支架间紧固带应无松动、断裂，撑条应无脱落、移位	《国家电网公司变电验收管理规定（试行）》	现场检查	□是　□否	
		I	④相序标志清晰正确	《国家电网公司变电验收管理规定（试行）》	现场检查	□是　□否	
		I	⑤铭牌参数齐全、正确，材质应为防锈材料，无锈蚀	《国家电网公司变电验收管理规定（试行）》	现场检查	□是　□否	
		IV	⑥新安装的35kV及以上干式空心并联电抗器，产品结构应具有防鸟、防雨功能	《国家电网公司十八项电网重大反事故措施（2018年修订版）》	现场检查	□是　□否	
10.1.2	引出线及安装布置	I	①不应使用铜铝对接过渡线夹，引线接触良好、连接可靠	《国家电网公司变电验收管理规定（试行）》	现场检查	□是　□否	
		I	②引线无散股、扭曲、断股现象	《国家电网公司变电验收管理规定（试行）》	现场检查	□是　□否	
		IV	③户外装设的干式空心电抗器，包封外表面应有防污和防紫外线措施；电抗器外露金属部位应有良好的防腐蚀涂层	《国家电网公司十八项电网重大反事故措施（2018年修订版）》	现场检查	□是　□否	

序号	监督项目	权重	监督标准	监督依据	监督方式	是否合格	监督问题说明
10.1.2	引出线及安装布置	IV	④新安装的 35kV 及以上干式空心串联电抗器不应采用叠装结构，10kV 干式空心串联电抗器应采取有效措施防止电抗器单相事故发展为相间事故	《国家电网公司十八项电网重大反事故措施（2018 年修订版）》	现场检查	□是　□否	
		IV	⑤干式空心串联电抗器应安装在电容器组首端，在系统短路电流大的安装点，设计时应校核其动、热稳定性	《国家电网公司变电验收管理规定（试行）》《国家电网公司十八项电网重大反事故措施（2018 年修订版）》	现场检查	□是　□否	
		IV	⑥干式铁心电抗器户内安装时，应做好防振动措施	《国家电网公司十八项电网重大反事故措施（2018 年修订版）》	现场检查	□是　□否	
10.1.3	支柱绝缘子	II	①支柱应完整、无裂纹，线圈应无变形	《电气装置安装工程施工及验收规范》（GB 50147—2010）	现场检查	□是　□否	
		II	②支柱绝缘子的接地应良好	《电气装置安装工程施工及验收规范》（GB 50147—2010）	现场检查	□是　□否	
10.1.4	接地装置	II	①每相单独安装时，每相支柱绝缘子均应接地	《国家电网公司变电验收管理规定（试行）》	现场检查	□是　□否	
		II	②铁心电抗器的铁心应一点接地	《国家电网公司变电验收管理规定（试行）》	现场检查	□是　□否	
		IV	③干式空心电抗器下方接地线不应构成闭合回路；围栏采用金属材料时，金属围栏禁止连接成闭合回路，应有明显的隔离断开段，并不应通过接地线构成闭合回路	《国家电网公司十八项电网重大反事故措施（2018 年修订版）》	现场检查	□是　□否	
10.1.5	周围磁场	II	①在距离电抗器中心为2倍直径的周边及垂直位置内无金属闭环存在	《国家电网公司变电验收管理规定（试行）》	现场检查	□是　□否	
		II	②电抗器中心与周围金属围栏及其他导电体的最小距离不得低于电抗器外径的 1.1 倍	《国家电网公司变电验收管理规定（试行）》	现场检查	□是　□否	

序号	监督项目	权重	监 督 标 准	监 督 依 据	监督方式	是否合格	监督问题说明
10.1.5	周围磁场	II	③三相水平安装的电抗器间最小中心距离不应低于电抗器外径的 1.7 倍	《国家电网公司变电验收管理规定（试行）》	现场检查	□是 □否	
10.1.6	围栏（如有）	II	①常设封闭式围栏并可靠闭锁，接地良好；围栏高度符合安规要求并悬挂标示牌，安全距离符合要求	《国家电网公司变电验收管理规定（试行）》	现场检查	□是 □否	
		II	②围栏完整，高度应在 1.7m 以上；围栏底部应有排水孔	《国家电网公司变电验收管理规定（试行）》	现场检查	□是 □否	
		II	③如使用金属围栏，则应留有防止产生感应电流的间隙；电抗器中心与周围金属围栏及其他导电体的最小距离不得低于电抗器外径的 1.1 倍	《国家电网公司变电验收管理规定（试行）》	现场检查	□是 □否	
10.1.7	接线端子与母线连接	II	母线连接接触面应清洁，并应涂凡士林；螺栓与母线紧固面间应使用平垫圈；螺母侧应装有弹簧垫圈或使用锁紧螺母	《干式电抗器全过程技术监督精益化管理实施细则》	现场检查	□是 □否	
10.1.8	紧固件	II	额定电流≥1500A 时，紧固件应为非磁性材料	《干式电抗器全过程技术监督精益化管理实施细则》	现场检查	□是 □否	
10.2	**交接试验检查**						
10.2.1	绕组直流电阻测量	IV	①测量应在各分接的所有位置上进行	《干式电抗器全过程技术监督精益化管理实施细则》	资料检查	□是 □否	
		IV	②三相电抗器绕组直流电阻值相互间差值不应大于三相平均值的 2%	《干式电抗器全过程技术监督精益化管理实施细则》	资料检查	□是 □否	
		IV	③实测值与出厂值的变化规律应一致	《干式电抗器全过程技术监督精益化管理实施细则》	资料检查	□是 □否	
		IV	④直流电阻值与同温下产品出厂值比较，相应变化不应大于 2%	《干式电抗器全过程技术监督精益化管理实施细则》	资料检查	□是 □否	

续表

序号	监督项目	权重	监 督 标 准	监 督 依 据	监督方式	是否合格	监督问题说明
10.2.1	绕组直流电阻测量	IV	⑤对于立式布置的干式空心电抗器绕组直流电阻值，可不进行三相间的比较	《干式电抗器全过程技术监督精益化管理实施细则》	资料检查	□是　□否	
10.2.2	绝缘电阻测试	III	①绝缘电阻不低于产品出厂试验值的 70%或不低于 3000MΩ	《干式电抗器全过程技术监督精益化管理实施细则》	资料检查	□是　□否	
		III	②采用 2500V 兆欧表测量，持续时间为 1min，应无闪络及击穿现象	《干式电抗器全过程技术监督精益化管理实施细则》	资料检查	□是　□否	
10.2.3	交流耐压	III	①按出厂试验电压值的 80%进行耐压 1min，无击穿及闪络	《干式电抗器全过程技术监督精益化管理实施细则》	资料检查	□是　□否	
		IV	②干式空心电抗器出厂应进行匝间耐压试验，出厂试验报告应含有匝间耐压试验项目	《国家电网公司十八项电网重大反事故措施（2018 年修订版）》	资料检查	□是　□否	
		III	③330kV 及以上变电站新安装的干式空心电抗器交接时，具备试验条件时应进行匝间耐压试验	《干式电抗器全过程技术监督精益化管理实施细则》	资料检查	□是　□否	
10.3　资料检查							
10.3.1	产品合格证书	I	资料齐全	《国家电网公司变电验收管理规定（试行）》	资料检查	□是　□否	
10.3.2	安装使用说明书	I	资料齐全	《国家电网公司变电验收管理规定（试行）》	资料检查	□是　□否	
10.3.3	出厂试验报告	I	项目齐全，数据合格	《国家电网公司变电验收管理规定（试行）》	资料检查	□是　□否	
10.3.4	交接试验报告	I	项目齐全，数据合格	《国家电网公司变电验收管理规定（试行）》	资料检查	□是　□否	
10.3.5	竣工图	I	资料齐全	《国家电网公司变电验收管理规定（试行）》	资料检查	□是　□否	

11　母线及绝缘子检查

序号	监督项目	权重	监 督 标 准	监 督 依 据	监督方式	是否合格	监督问题说明
11.1	**母线检查**						
11.1.1	母线	II	①相序及运行编号标识清晰可识别	《国家电网公司变电专业精益化管理评价规范》	现场检查	□是　□否	
		II	②导线或软连接无断股、散股及腐蚀现象	《国家电网公司变电专业精益化管理评价规范》	现场检查	□是　□否	
		II	③无异物悬挂	《国家电网公司变电专业精益化管理评价规范》	现场检查	□是　□否	
		II	④管型母线本体或焊接面无开裂、脱焊现象	《国家电网公司变电专业精益化管理评价规范》	现场检查	□是　□否	
		II	⑤管型母线（管内）无积水、结冰及变形现象	《国家电网公司变电专业精益化管理评价规范》	现场检查	□是　□否	
		I	⑥母线在支柱绝缘子上的固定死点，每一段应设置1个，并宜位于全长或两母线伸缩节中点	《国家电网公司变电专业精益化管理评价规范》	现场检查	□是　□否	
		II	⑦无明显凹陷、变形、破损	《国家电网公司变电专业精益化管理评价规范》	现场检查	□是　□否	
		II	⑧分裂母线间隔棒无松动、脱落	《国家电网公司变电专业精益化管理评价规范》	现场检查	□是　□否	
11.2	**矩形母线检查**						
11.2.1	矩形母线工艺	II	①矩形母线应采用冷弯工艺，不得进行热弯	《国家电网公司变电验收通用管理规定（试行）》	现场检查、资料检查	□是　□否	

续表

序号	监督项目	权重	监督标准	监督依据	监督方式	是否合格	监督问题说明
11.2.1	矩形母线工艺	I	②母线弯制时，开始弯曲处与最近绝缘子的母线支持夹板边缘的距离不应大于 0.25L（L 指母线两支持点间的距离），但不小于 50mm	《国家电网公司变电验收通用管理规定（试行）》	现场检查、资料检查	□是 □否	
		I	③母线开始弯曲处距母线连接位置不应小于 50mm	《国家电网公司变电验收通用管理规定（试行）》	现场检查、资料检查	□是 □否	
		I	④矩形母线应减少直角弯，弯曲处不得有裂纹及显著的折皱	《国家电网公司变电验收通用管理规定（试行）》	现场检查	□是 □否	
		I	⑤多片母线的弯曲度、间距应一致	《国家电网公司变电验收通用管理规定（试行）》	现场检查	□是 □否	
11.2.2	矩形母线要求	I	①矩形母线采用螺栓固定搭接时，连接处距支柱绝缘子的支持夹板边缘不应小于 50mm；上片母线端头与下片母线平弯开始处距离不应小于 50mm	《国家电网公司变电验收通用管理规定（试行）》	现场检查、资料检查	□是 □否	
		I	②矩形母线扭转 90°时，其扭转部分的长度应为母线宽度的 2.5～5 倍	《国家电网公司变电验收通用管理规定（试行）》	现场检查、资料检查	□是 □否	
11.2.3	母线连接要求	I	①母线连接处螺孔的直径不应大于螺栓直径 1mm	《国家电网公司变电验收通用管理规定（试行）》	现场检查、资料检查	□是 □否	
		II	②螺孔应垂直、不歪斜	《国家电网公司变电验收通用管理规定（试行）》	现场检查	□是 □否	
		II	③母线的接触面应平整、无氧化膜	《国家电网公司变电验收通用管理规定（试行）》	现场检查	□是 □否	
		II	④具有镀银层的母线搭接面，不得进行锉磨	《国家电网公司变电验收通用管理规定（试行）》	现场检查	□是 □否	
		II	⑤硬母线的连接应采用焊接、贯穿螺栓连接或夹板及夹持螺栓搭接	《国家电网公司变电验收通用管理规定（试行）》	现场检查	□是 □否	

续表

序号	监督项目	权重	监 督 标 准	监 督 依 据	监督方式	是否合格	监督问题说明
11.2.3	母线连接要求	I	⑥母线两端应做相色标识，相色涂刷应均匀，不易脱落，不得有起层、皱皮等缺陷，应整齐一致	《国家电网公司变电验收通用管理规定（试行）》	现场检查	□是 □否	
11.3 硬母线检查							
11.3.1	铝合金管型母线加工	I	①切断断口应平整，且与轴线垂直	《国家电网公司变电验收通用管理规定（试行）》	现场检查	□是 □否	
		I	②管型母线的坡口应用机械加工，坡口应光滑、均匀、无毛刺	《国家电网公司变电验收通用管理规定（试行）》	现场检查	□是 □否	
		I	③母线对接焊口距母线支持器夹板边缘距离不应小于50mm	《国家电网公司变电验收通用管理规定（试行）》	现场检查、资料检查	□是 □否	
11.3.2	管型、棒形母线安装	II	①管型、棒形母线应采用专用连接金具连接，不得采用内螺纹管接头及锡焊搭接	《国家电网公司变电验收通用管理规定（试行）》	现场检查	□是 □否	
		I	②对连接金具和管型、棒形母线导体接触部分尺寸进行测量，误差满足技术文件要求	《国家电网公司变电验收通用管理规定（试行）》	现场检查、资料检查	□是 □否	
		I	③连接金具配套使用的衬管应符合设计和技术文件要求	《国家电网公司变电验收通用管理规定（试行）》	现场检查、资料检查	□是 □否	
		I	④连接金具紧固力矩符合产品技术文件要求	《国家电网公司变电验收通用管理规定（试行）》	现场检查、资料检查	□是 □否	
11.3.3	母线连接端子	I	①母线连接接触面应保持清洁，并应涂电力复合脂	《国家电网公司变电验收通用管理规定（试行）》	现场检查	□是 □否	
		II	②母线平置时，螺栓应由下往上穿，螺母应在上方，其余情况螺母应置于维护侧	《国家电网公司变电验收通用管理规定（试行）》	现场检查	□是 □否	
		I	③母线接触面应连接紧密，连接螺栓应用力矩扳手紧固，力矩符合技术文件要求	《国家电网公司变电验收通用管理规定（试行）》	现场检查、资料检查	□是 □否	

序号	监督项目	权重	监督标准	监督依据	监督方式	是否合格	监督问题说明
11.3.3	母线连接端子	I	④母线与螺杆形接线端子连接时，母线的孔径不应大于螺杆形接线端子直径1mm	《国家电网公司变电验收通用管理规定（试行）》	现场检查、资料检查	□是 □否	
		I	⑤丝扣的氧化膜应除净，螺母接触面平整，螺母与母线之间应加铜质搪锡平垫圈，并应有锁紧螺母，但不得加装弹垫	《国家电网公司变电验收通用管理规定（试行）》	现场检查	□是 □否	
11.3.4	母线与支柱绝缘子固定	I	①交流母线的固定金具或其他支持金具不应成闭合铁磁回路	《国家电网公司变电验收通用管理规定（试行）》	现场检查、资料检查	□是 □否	
		I	②母线在支柱绝缘子上的固定死点，每一段应设置1个，并位于全长或两母线伸缩节中点	《国家电网公司变电验收通用管理规定（试行）》	现场检查、资料检查	□是 □否	
		I	③母线固定装置无棱角和毛刺	《国家电网公司变电验收通用管理规定（试行）》	现场检查	□是 □否	
11.3.5	硬母线焊接	I	①铝及铝合金材质的管型母线、槽形母线、金属封闭母线及重型母线应采用氩弧焊	《国家电网公司变电验收通用管理规定（试行）》	现场检查	□是 □否	
		I	②直径大于300mm的对接接头采用对焊	《国家电网公司变电验收通用管理规定（试行）》	现场检查、资料检查	□是 □否	
		I	③母线对接焊缝应有2～4mm的余高；角焊缝的焊脚尺寸应大于薄壁侧母材壁厚2～4mm	《国家电网公司变电验收通用管理规定（试行）》	现场检查、资料检查	□是 □否	
		I	④330kV及以上电压等级焊缝应呈圆弧形，不应有毛刺、凹凸不平等缺陷；引下线母线采用搭接焊时，焊缝的长度不应小于母线宽度的2倍	《国家电网公司变电验收通用管理规定（试行）》	现场检查、资料检查	□是 □否	
		I	⑤焊接接头表面应无可见的裂纹、未熔合、气孔、夹渣等缺陷	《国家电网公司变电验收通用管理规定（试行）》	现场检查	□是 □否	
		II	⑥重要导电部位或主要受力部位，对接焊焊头应经射线抽检合格	《国家电网公司变电验收通用管理规定（试行）》	现场检查、资料检查	□是 □否	

续表

序号	监督项目	权重	监 督 标 准	监 督 依 据	监督方式	是否合格	监督问题说明
11.3.6	外观检查	I	①母线表面光洁平整，不应有裂纹、折皱、夹杂物、变形和扭曲现象	《国家电网公司变电验收通用管理规定（试行）》	现场检查	□是　□否	
		I	②相同布置的主母线、分支母线、引下线及设备连接线应对称一致、横平竖直、整齐美观	《国家电网公司变电验收通用管理规定（试行）》	现场检查	□是　□否	
11.3.7	相序标识	I	母线两端应做相色标识，相色涂刷应均匀，不易脱落，不得有起层、皱皮等缺陷，应整齐一致	《国家电网公司变电验收通用管理规定（试行）》	现场检查	□是　□否	
11.3.8	固定金具	I	①母线固定金具应光滑无毛刺	《国家电网公司变电验收通用管理规定（试行）》	现场检查	□是　□否	
		I	②母线固定金具或其他支持金具不构成闭合磁路	《国家电网公司变电验收通用管理规定（试行）》	现场检查	□是　□否	
11.3.9	一致性	I	同相管段轴线应处于同一垂直面上，三相母线管段轴线应互相平行	《国家电网公司变电验收通用管理规定（试行）》	现场检查	□是　□否	
11.3.10	安全净距离	I	安全净距离应符合 GB/J 50149《电气装置安装工程　母线装置施工验收规范》要求	《国家电网公司变电验收通用管理规定（试行）》	现场检查、资料检查	□是　□否	
11.3.11	防电晕装置	I	铝合金管型母线安装防电晕装置，其表面应光滑，无毛刺或凹凸不平	《国家电网公司变电验收通用管理规定（试行）》	现场检查	□是　□否	
11.3.12	金具排水孔	I	室外易积水的线夹应设置排水孔	《国家电网公司变电验收通用管理规定（试行）》	现场检查	□是　□否	
11.4　软母线检查							
11.4.1	金具检查	I	①零件配套齐全，规格相符	《国家电网公司变电验收通用管理规定（试行）》	现场检查	□是　□否	
		I	②表面光滑，无裂纹、毛刺、伤痕、砂眼、锈蚀、滑扣等缺陷，锌层不应剥落	《国家电网公司变电验收通用管理规定（试行）》	现场检查	□是　□否	

续表

序号	监督项目	权重	监督标准	监督依据	监督方式	是否合格	监督问题说明
11.4.1	金具检查	I	③线夹船型压板与导线接触面应光滑平整，悬垂线夹的转动部分应灵活	《国家电网公司变电验收通用管理规定（试行）》	现场检查	□是　□否	
		I	④导线切面应整齐、无毛刺，并应与线股轴线垂直；钢芯铝绞线切割铝线时，不得伤及钢芯	《国家电网公司变电验收通用管理规定（试行）》	现场检查	□是　□否	
		I	⑤应对金具进行抽查，抽查比例不小10%	《国家电网公司变电验收通用管理规定（试行）》	资料检查	□是　□否	
11.4.2	外观检查	I	①软母线、悬式绝缘子和金具完好，不得有扭股、松股、断股、严重腐蚀或其他明显损伤	《国家电网公司变电验收通用管理规定（试行）》	现场检查	□是　□否	
		I	②扩径导线不得有明显凹陷和变形，同一截面处损伤面积不得超过导电部分的5%	《国家电网公司变电验收通用管理规定（试行）》	现场检查	□是　□否	
11.4.3	附件检查	I	①所有螺栓、垫圈、销子、紧缩螺母应齐全、可靠	《国家电网公司变电验收通用管理规定（试行）》	现场检查	□是　□否	
		II	②软母线和线夹连接应采用液压压接或螺栓连接	《国家电网公司变电验收通用管理规定（试行）》	现场检查	□是　□否	
11.4.4	导线弧垂	II	①弧垂符合设计要求	《国家电网公司变电验收通用管理规定（试行）》	现场检查	□是　□否	
		II	②同一档距内三相母线弧垂应一致，允许误差－2.5%～5%	《国家电网公司变电验收通用管理规定（试行）》	现场检查	□是　□否	
		I	③相同布置的分支线、同相分裂导线，应有同样的弯曲度和弧垂，间隔棒设置合理，符合相关要求	《国家电网公司变电验收通用管理规定（试行）》	现场检查	□是　□否	
11.4.5	相序标识	I	母线两端应做相色标识，相色涂刷应均匀，不易脱落，不得有起层、皱皮等缺陷，应整齐一致	《国家电网公司变电验收通用管理规定（试行）》	现场检查	□是　□否	
11.4.6	引出线安装	I	不采用铜铝对接过渡线夹；引线接触良好、连接可靠；引线无散股、扭曲、断股现象	《国家电网公司变电验收通用管理规定（试行）》	现场检查	□是　□否	

续表

序号	监督项目	权重	监 督 标 准	监 督 依 据	监督方式	是否合格	监督问题说明
11.4.7	安全净距离	I	安全净距离应符合《电气装置安装工程母线装置施工验收规范》（GB/J 50149）要求	《国家电网公司变电验收通用管理规定（试行）》	现场检查、资料检查	□是　□否	
11.4.8	金具排水孔	I	①室外易积水的线夹应设置排水孔	《国家电网公司变电验收通用管理规定（试行）》	现场检查	□是　□否	
11.5　封闭母线检查							
11.5.1	支座及固定	I	支座必须安装牢固，放置正确，外壳的纵向间隙应分配均匀	《国家电网公司变电验收通用管理规定（试行）》	现场检查	□是　□否	
11.5.2	封闭母线安装	I	①母线与外壳应同心，误差不得超过5mm	《国家电网公司变电验收通用管理规定（试行）》	现场检查、资料检查	□是　□否	
		I	②段与段连接时，两相邻母线及外壳应对准，连接后不应使母线及外壳受到机械应力	《国家电网公司变电验收通用管理规定（试行）》	现场检查	□是　□否	
		I	③外壳内及绝缘子清洁；外壳内不得有遗留物	《国家电网公司变电验收通用管理规定（试行）》	现场检查	□是　□否	
		I	④橡胶伸缩套的连接头、穿墙处的连接法兰、外壳和底座之间、外壳各连接部位的螺栓使用合适的力矩紧固，各接合面应封闭良好	《国家电网公司变电验收通用管理规定（试行）》	现场检查	□是　□否	
		I	⑤外壳的相间短路板应位置正确，连接良好，相间支撑板应安装牢固，分段绝缘的外壳应做好绝缘措施	《国家电网公司变电验收通用管理规定（试行）》	现场检查	□是　□否	
11.5.3	螺栓连接	II	电流导体紧固件应采用非导磁材料	《国家电网公司变电验收通用管理规定（试行）》	现场检查	□是　□否	
11.5.4	外壳接地	I	①封闭母线与设备的螺栓连接，应在封闭母线绝缘电阻测量和工频耐压试验合格后进行	《国家电网公司变电验收通用管理规定（试行）》	现场检查、资料检查	□是　□否	
		II	②金属封闭母线的外壳及支持结构的金属部分应可靠接地	《国家电网公司变电验收通用管理规定（试行）》	现场检查、资料检查	□是　□否	

序号	监督项目	权重	监督标准	监督依据	监督方式	是否合格	监督问题说明
11.6 引流线检查							
11.6.1	引流线	I	①线夹与设备连接平面无缝隙，螺栓出头明显	《国家电网公司变电专业精益化管理评价规范》	现场检查	□是 □否	
		I	②引线无断股或松股现象，无腐蚀现象，无异物悬挂	《国家电网公司变电专业精益化管理评价规范》	现场检查	□是 □否	
		I	③引线弧垂应符合规范的要求，对绝缘子及隔离开关不应产生附加拉伸和弯曲应力	《国家电网公司变电专业精益化管理评价规范》	现场检查	□是 □否	
		I	④压接型设备线夹，朝上30°～90°安装时应配钻直径6mm的滴水孔	《国家电网公司变电专业精益化管理评价规范》	现场检查	□是 □否	
11.7 金具检查							
11.7.1	金具	II	①无变形、锈蚀现象	《国家电网公司变电专业精益化管理评价规范》	现场检查	□是 □否	
		II	②伸缩金具无变形、散股及支撑螺杆脱出现象	《国家电网公司变电专业精益化管理评价规范》	现场检查	□是 □否	
		II	③金具外观无裂纹、断股和折皱现象	《国家电网公司变电专业精益化管理评价规范》	现场检查	□是 □否	
11.8 绝缘子检查							
11.8.1	外观检查	II	①逐个进行外观检查，绝缘子表面应清洁干净，绝缘子应完整、无损伤、无裂纹、无遗漏物（标签、塑料布、合格证吊牌）	《全过程技术监督精益化管理实施细则》	现场检查	□是 □否	
		II	②检查瓷件、法兰完整无裂纹，胶合处填料应完整，结合应牢固，并涂以性能良好的防水密封胶。瓷套外表面应无损伤、法兰锈蚀等现象	《国家电网公司变电验收通用管理规定（试行）》	现场检查	□是 □否	
		II	③复合绝缘子芯棒与端部附件应无明显歪斜	《全过程技术监督精益化管理实施细则》	现场检查	□是 □否	

序号	监督项目	权重	监督标准	监督依据	监督方式	是否合格	监督问题说明
11.8.2	绝缘子螺栓、穿钉及弹簧销子穿向	III	悬垂串和耐张串绝缘子的螺栓、穿钉及弹簧销子穿向应符合要求，当弹簧销子穿入方向与当地运行单位要求不一致时，可按运行单位的要求，但应有明确规定	《全过程技术监督精益化管理实施细则》	现场检查	□是　□否	
11.8.3	悬吊绝缘子串	II	①绝缘子串组合时，连接金具的螺栓、销钉及紧锁销等应完整，且其穿向应一致	《国家电网公司变电验收通用管理规定（试行）》	现场检查	□是　□否	
		I	②耐张绝缘子串的碗口应向下，绝缘子串的球头挂环、碗头挂板及紧锁销等应互相匹配	《国家电网公司变电验收通用管理规定（试行）》	现场检查	□是　□否	
		I	③弹簧销应有足够的弹性，闭口销应分开，并不得有折断或裂纹，不得用线材代替，放松螺栓紧固	《国家电网公司变电验收通用管理规定（试行）》	现场检查	□是　□否	
		I	④悬式绝缘子串允许倾斜角度（无特殊设计时）不大于5°	《国家电网公司变电验收通用管理规定（试行）》	现场检查	□是　□否	
		I	⑤瓷铁粘合应牢固，应涂有合格的防水硅橡胶	《国家电网公司变电验收通用管理规定（试行）》	现场检查	□是　□否	
		I	⑥防污闪涂层完好，无破损、起皮、开裂等情况	《国家电网公司变电验收通用管理规定（试行）》	现场检查	□是　□否	
		I	⑦均压环最低处应打排水孔	《国家电网公司变电验收通用管理规定（试行）》	现场检查	□是　□否	
		I	⑧耐张绝缘子串倒挂时，耐张线夹应采用填充电力脂等防冻胀措施，并在线夹尾部打渗水孔	《国家电网公司十八项电网重大反事故措施（2018年修订版）》	现场检查	□是　□否	
11.8.4	支柱绝缘子	I	①在同一平面或垂直面上的支柱绝缘子的顶面应位于同一平面上，其中心线位置应符合设计要求	《国家电网公司变电验收通用管理规定（试行）》	现场检查、资料检查	□是　□否	
		II	②支柱绝缘子安装时，其底座或法兰盘不得埋入混凝土或抹灰层内，紧固件应齐全，固定应牢固	《国家电网公司变电验收通用管理规定（试行）》	现场检查	□是　□否	

续表

序号	监督项目	权重	监督标准	监督依据	监督方式	是否合格	监督问题说明
11.8.4	支柱绝缘子	I	③支柱绝缘子叠装时，中心线应一致	《国家电网公司变电验收通用管理规定（试行）》	现场检查	□是　□否	
		I	④绝缘子底座水平误差不大于 5mm；叠装支柱绝缘子垂直误差不大于 2mm；纯瓷绝缘子与金属接触面间垫圈厚度不小于1.5mm	《国家电网公司变电验收通用管理规定（试行）》	现场检查	□是　□否	
		I	⑤支柱绝缘子及瓷护套的外表面及法兰封装处无裂纹、防污闪涂层完好，厚度不小于0.3mm，无破损、起皮、开裂等情况，绝缘子固定螺栓齐全、紧固。增爬伞裙无塌陷变形，表面牢固	《国家电网公司变电验收通用管理规定（试行）》	现场检查	□是　□否	
		II	⑥高压支柱瓷绝缘子再次逐个进行超声波探伤	《全过程技术监督精益化管理实施细则》	资料检查	□是　□否	
		III	⑦252kV及以上隔离开关安装后应对绝缘子逐只探伤	《国家电网公司十八项电网重大反事故措施（2018年修订版）》	资料检查	□是　□否	
11.9	**资料检查**						
11.9.1	档案资料完整性	I	绝缘子重要档案资料应齐全完整（出厂试验报告、竣工图纸、出厂合格证）	《全过程技术监督精益化管理实施细则》	资料检查	□是　□否	

12 消弧线圈检查

序号	监督项目	权重	监督标准	监督依据	监督方式	是否合格	监督问题说明
12.1	**本体和组部件检查**						
12.1.1	本体外观检查	II	本体平整，表面干净无脱漆锈蚀，无变形，密封良好，无渗漏，标志正确、完整	《国家电网公司变电验收管理规定（试行）》	现场检查	□是　□否	
12.1.2	铭牌	I	外壳铭牌上如果有明显标志的接线图，可不粘贴模拟接线图；外壳上无铭牌的，应粘贴模拟接线图	《国家电网公司变电验收管理规定（试行）》	现场检查	□是　□否	
12.1.3	套管	I	①瓷套表面无裂纹，清洁，无损伤，无渗漏油，油位正常，注油塞和放气塞紧固	《国家电网公司变电验收管理规定（试行）》	现场检查	□是　□否	
		III	②套管末屏密封良好，接地可靠	《国家电网公司变电验收管理规定（试行）》	现场检查	□是　□否	
		II	③升高座法兰连接紧固、放气塞紧固	《国家电网公司变电验收管理规定（试行）》	现场检查	□是　□否	
		II	④引出线安装不采用铜铝对接过渡线夹，引线接触良好、连接可靠，引线无散股、扭曲、断股现象	《国家电网公司变电验收管理规定（试行）》	现场检查	□是　□否	
12.1.4	干式消弧线圈组合柜	I	①本体平整，表面干净无脱漆、锈蚀，无变形、开裂，标志正确、完整	《国家电网公司变电验收管理规定（试行）》	现场检查	□是　□否	
		I	②各部件设备出厂铭牌齐全、参数正确。外壳铭牌上如果有明显标志的接线图，可不粘贴模拟接线图；外壳上无铭牌的，应粘贴模拟接线图	《国家电网公司变电验收管理规定（试行）》	现场检查	□是　□否	
		II	③观察窗清晰，朝向位置应便于日常巡视	《国家电网公司变电验收管理规定（试行）》	现场检查	□是　□否	

序号	监督项目	权重	监督标准	监督依据	监督方式	是否合格	监督问题说明
12.1.4	干式消弧线圈组合柜	III	④各侧门把手均应装设五防锁	《国家电网公司变电验收管理规定（试行）》	现场检查	□是　□否	
		II	⑤密封良好，一、二次电缆孔洞封堵完整	《国家电网公司变电验收管理规定（试行）》	现场检查	□是　□否	
		III	⑥柜体外壳应单独接地，不能与设备接地共用	《国家电网公司变电验收管理规定（试行）》	现场检查	□是　□否	
12.1.5	分接开关	II	①本体指示、操动机构指示以及远方指示应一致	《国家电网公司变电验收管理规定（试行）》	现场检查	□是　□否	
		II	②联锁、限位、连接校验正确，操作可靠；机械联动、电气联动的同步性能应符合制造厂要求，远方、就地及手动、电动均进行操作检查；传动机构应操作灵活，无卡涩现象	《国家电网公司变电验收管理规定（试行）》	现场检查	□是　□否	
		III	③油位指示（油浸式）清晰，油位正常，并略低于本体储油柜油位	《国家电网公司变电验收管理规定（试行）》	现场检查	□是　□否	
		II	④触头检查（干式）无氧化，接触良好	《国家电网公司变电验收管理规定（试行）》	现场检查	□是　□否	
		II	⑤接地（干式）外壳应接地良好	《国家电网公司变电验收管理规定（试行）》	现场检查	□是　□否	
12.1.6	储油柜	I	①外观完好，部件齐全，各联管清洁，无渗漏、污垢和锈蚀	《国家电网公司变电验收管理规定（试行）》	现场检查	□是　□否	
		II	②油位指示清晰，油位正常	《国家电网公司变电验收管理规定（试行）》	现场检查	□是　□否	
12.1.7	吸湿器（油浸式）	II	①密封良好，无裂纹，吸湿剂干燥、无变色，在顶盖下应留出 1/5～1/6 高度的空隙	《国家电网公司变电验收管理规定（试行）》	现场检查	□是　□否	
		II	②油封油位的油量适中，在油面线处，呼吸正常	《国家电网公司变电验收管理规定（试行）》	现场检查	□是　□否	

续表

序号	监督项目	权重	监 督 标 准	监 督 依 据	监督方式	是否合格	监督问题说明
12.1.7	吸湿器（油浸式）	II	③连通管应清洁、无锈蚀	《国家电网公司变电验收管理规定（试行）》	现场检查	□是 □否	
12.1.8	压力释放装置（油浸式）	II	定位装置应拆除	《国家电网公司变电验收管理规定（试行）》	现场检查	□是 □否	
12.1.9	气体继电器（油浸式）	III	①气体继电器安装方向正确，无渗漏，芯体绑扎线应拆除，油位观察窗挡板应打开	《国家电网公司变电验收管理规定（试行）》	现场检查	□是 □否	
		III	②室外消弧线圈气体继电器加装防雨罩，措施可靠	《国家电网公司变电验收管理规定（试行）》	现场检查	□是 □否	
		III	③二次接线50mm内应遮盖，防雨水45°直淋	《国家电网公司变电验收管理规定（试行）》	现场检查	□是 □否	
		II	④集气盒内要充满油、无渗漏，管路无变形、无死弯，处于打开状态	《国家电网公司变电验收管理规定（试行）》	现场检查	□是 □否	
		III	⑤沿主油管道有1%～1.5%升高坡度	《国家电网公司变电验收管理规定（试行）》	现场检查	□是 □否	
12.1.10	温度计校验（油浸式）	II	①温度计校验合格	《国家电网公司变电验收管理规定（试行）》	现场检查	□是 □否	
		II	②根据设计要求整定，接点动作正确	《国家电网公司变电验收管理规定（试行）》	现场检查	□是 □否	
		II	③密封良好、无凝露，温度计与测温探针应具备良好的防雨措施	《国家电网公司变电验收管理规定（试行）》	现场检查	□是 □否	
		II	④测温座应注入适量绝缘油，密封良好	《国家电网公司变电验收管理规定（试行）》	现场检查	□是 □否	
		II	⑤金属软管固定良好，无破损变形、死弯，弯曲半径≥50mm	《国家电网公司变电验收管理规定（试行）》	现场检查	□是 □否	

续表

序号	监督项目	权重	监督标准	监督依据	监督方式	是否合格	监督问题说明
12.1.11	散热器（油浸式）	I	①无变形、渗漏、锈蚀，流向标志正确，安装位置偏差符合要求	《国家电网公司变电验收管理规定（试行）》	现场检查	□是　□否	
		II	②连接螺栓紧固，端面平整，无渗漏	《国家电网公司变电验收管理规定（试行）》	现场检查	□是　□否	
		II	③阀门操作灵活，开闭位置正确，阀门接合处无渗漏油现象	《国家电网公司变电验收管理规定（试行）》	现场检查	□是　□否	
12.1.12	阻尼电阻箱	I	①外壳、漆层应无损伤、裂纹或变形	《国家电网公司变电验收管理规定（试行）》	现场检查	□是　□否	
		III	②接触器动作应灵活无卡涩，触头接触紧密、可靠，无异常声音	《国家电网公司变电验收管理规定（试行）》	现场检查	□是　□否	
		II	③控制回路接线应排列整齐、清晰、美观，绝缘良好无损伤	《国家电网公司变电验收管理规定（试行）》	现场检查	□是　□否	
12.1.13	并联电阻箱	I	①元件外壳、漆层应无损伤、裂纹或变形	《国家电网公司变电验收管理规定（试行）》	现场检查	□是　□否	
		II	②控制回路接线应排列整齐、清晰、美观，绝缘良好无损伤	《国家电网公司变电验收管理规定（试行）》	现场检查	□是　□否	
		III	③继电器参数整定正确，动作应灵活无卡涩	《国家电网公司变电验收管理规定（试行）》	现场检查	□是　□否	
		III	④接触器动作应灵活无卡涩，触头接触紧密、可靠，无异常声音，真空泡绝缘良好不漏气	《国家电网公司变电验收管理规定（试行）》	现场检查	□是　□否	
12.1.14	控制器	II	①通信正常，数据正确	《国家电网公司变电验收管理规定（试行）》	现场检查	□是　□否	
		II	②电压、电流等显示正确	《国家电网公司变电验收管理规定（试行）》	现场检查	□是　□否	

续表

序号	监督项目	权重	监 督 标 准	监 督 依 据	监督方式	是否合格	监督问题说明
		II	③所有挡位显示正确，调挡正常	《国家电网公司变电验收管理规定（试行）》	现场检查	□是　□否	
		II	④接地报警等遥信信号正常	《国家电网公司变电验收管理规定（试行）》	现场检查	□是　□否	
12.1.14	控制器	III	⑤装置可以计算正确，自动跟踪调节，联机正确	《国家电网公司变电验收管理规定（试行）》	现场检查	□是　□否	
		II	⑥选线正确，报警正确	《国家电网公司变电验收管理规定（试行）》	现场检查	□是　□否	
		III	⑦控制屏交直流输入电源应由站用电系统、直流系统独立供电，不宜与其他电源并接	《国家电网公司变电验收管理规定（试行）》	现场检查	□是　□否	
		II	⑧并列运行要求同一变电站多台消弧线圈应能并列运行	《国家电网公司变电验收管理规定（试行）》	现场检查	□是　□否	
		III	①消弧线圈接地端子与接地线应连接可靠，应采用专门敷设的接地线，接地线截面积符合设计要求	《国家电网公司变电验收管理规定（试行）》	现场检查	□是　□否	
12.1.15	接地装置	II	②消弧线圈外壳两点以上与不同主地网格连接，接地螺栓直径应不小于12mm，导通良好，截面积符合动热稳定要求	《国家电网公司变电验收管理规定（试行）》	现场检查	□是　□否	
		II	③铁心接地良好	《国家电网公司变电验收管理规定（试行）》	现场检查	□是　□否	
		II	④控制屏、并联电阻箱等各箱体外壳应接地良好	《国家电网公司变电验收管理规定（试行）》	现场检查	□是　□否	
12.1.16	接地变压器（干式）	I	①表面树脂应光滑、平整、无裂纹	《国家电网公司变电验收管理规定（试行）》	现场检查	□是　□否	

续表

序号	监督项目	权重	监督标准	监督依据	监督方式	是否合格	监督问题说明
12.1.16	接地变压器（干式）	III	②连接件应采用不锈钢或热镀锌材料；所有螺栓连接必须加垫弹簧垫圈，并且目测确保其收缩到位，多余的螺杆长度不宜过长；单螺栓连接必须使用双螺母加固；引接电缆时，无明显过紧过松现象。干式接地变压器低压零线与设备高压端子及引线的距离要求：10kV 距离≥125mm，35kV 距离≥300mm	《国家电网公司变电验收管理规定（试行）》	现场检查	□是　□否	
		II	③相色标示清晰、准确	《国家电网公司变电验收管理规定（试行）》	现场检查	□是　□否	
		II	④挡位分接片连接可靠，符合制造厂要求	《国家电网公司变电验收管理规定（试行）》	现场检查	□是　□否	
		II	⑤铁心及外壳应接地良好	《国家电网公司变电验收管理规定（试行）》	现场检查	□是　□否	
12.1.17	调容式消弧线圈调容柜（干式）	I	①元件外壳、漆层应无损伤、裂纹或变形、渗油	《国家电网公司变电验收管理规定（试行）》	现场检查	□是　□否	
		II	②控制回路接线应排列整齐、清晰、美观，绝缘良好无损伤	《国家电网公司变电验收管理规定（试行）》	现场检查	□是　□否	
		III	③接触器动作应灵活无卡涩，触头接触紧密、可靠，无异常声音，真空泡绝缘良好不漏气	《国家电网公司变电验收管理规定（试行）》	现场检查	□是　□否	
12.1.18	相控式消弧线圈滤波控制箱（干式）	I	①元件外壳、漆层应无损伤、裂纹或变形、渗油	《国家电网公司变电验收管理规定（试行）》	现场检查	□是　□否	
		II	②控制回路接线应排列整齐、清晰、美观，绝缘良好无损伤	《国家电网公司变电验收管理规定（试行）》	现场检查	□是　□否	
		III	③可控硅元件导通性能符合制造厂技术规定	《国家电网公司变电验收管理规定（试行）》	现场检查	□是　□否	

续表

序号	监督项目	权重	监 督 标 准	监 督 依 据	监督方式	是否合格	监督问题说明
12.1.19	其他	II	①导电回路采用强度 8.8 级热镀锌螺栓	《国家电网公司变电验收管理规定（试行）》	现场检查	□是 □否	
		III	②选线用零序 TA 到选线装置的接线应一一对应，选线装置中线路运行编号录入完整、正确	《国家电网公司变电验收管理规定（试行）》	现场检查	□是 □否	
		IV	③防误操作闭锁装置满足电气"五防"要求	《国家电网公司变电验收管理规定（试行）》	现场检查	□是 □否	
12.2	**交接试验检查**						
12.2.1	接地变压器交接试验	IV	接地变压器试验项目齐全且结果合格，试验项目应无漏项，应至少包括：测量绕组连同套管的直流电阻；检查所有分接头的电压比；检查变压器的三相接线组别和单相变压器引出线的极性；测量绕组连同套管的绝缘电阻、吸收比或极化指数；绕组连同套管的交流耐压试验；测量与铁心绝缘的各紧固件（连接片可拆卸）及铁心（有外引接地线）的绝缘电阻	《电气装置安装工程 电气设备交接试验标准》（GB 50150—2006）	资料检查	□是 □否	
12.2.2	消弧线圈本体及其附件交接试验	IV	①消弧线圈试验项目齐全且结果合格，试验项目应无漏项，应至少包括：测量绕组连同套管的直流电阻；绕组连同套管的绝缘电阻、吸收比或极化指数；绕组连同套管的交流耐压试验；测量与铁心绝缘的各紧固件绝缘电阻；消弧线圈做套管及本体介质损耗（35kV 及以上油浸式）；测量绕组连同套管的直流泄漏电流（35kV 及以上油浸式）；非纯瓷套管的试验（35kV 及以上油浸式）	《消弧线圈装置技术监督导则》（Q/GDW11076—2013）	资料检查	□是 □否	
		II	②电压互感器、避雷器、电容器、阻尼电阻、并联电阻、滤波器等试验项目齐全；试验结果合格，满足标准要求	《电气装置安装工程 电气设备交接试验标准》（GB 50150—2006）	资料检查	□是 □否	

续表

序号	监督项目	权重	监督标准	监督依据	监督方式	是否合格	监督问题说明
12.2.3	绝缘油试验（油浸式）	II	35kV及以上油浸式消弧线圈和接地变压器应包含绝缘油试验；试验结果合格，满足标准要求	《电气装置安装工程 电气设备交接试验标准》（GB 50150—2006）	资料检查	□是 □否	
12.3	**资料检查**						
12.3.1	安装使用说明书、装箱清单、图纸、维护手册等技术文件	I	资料齐全	《国家电网公司变电验收管理规定（试行）》	资料检查	□是 □否	
	出厂试验报告	I	资料齐全，数据合格	《国家电网公司变电验收管理规定（试行）》	资料检查	□是 □否	
	交接试验报告	IV	资料齐全，数据合格	《国家电网公司变电验收管理规定（试行）》	资料检查	□是 □否	
	设备监造报告	I	资料齐全	《国家电网公司变电验收管理规定（试行）》	资料检查	□是 □否	
	竣工图纸	I	资料齐全	《国家电网公司变电验收管理规定（试行）》	资料检查	□是 □否	
12.3.2	控制器的自动调节功能检查	III	装置可以计算正确，自动跟踪调节，联机正确	《国家电网公司变电验收管理规定（试行）》	资料检查	□是 □否	
12.3.3	压力释放装置验收（油浸式）	II	压力释放阀校验合格	《国家电网公司变电验收管理规定（试行）》	资料检查	□是 □否	
12.3.4	气体继电器验收（油浸式）	I	气体继电器校验合格	《国家电网公司变电验收管理规定（试行）》	资料检查	□是 □否	

13 端子箱和检修电源箱检查

序号	监督项目	权重	监 督 标 准	监 督 依 据	监督方式	是否合格	监督问题说明
13.1 端子箱检查							
13.1.1	箱体检查	I	①设备出厂铭牌齐全、清晰可识别，箱体正门应具有限位功能	《国家电网公司变电验收管理规定（试行）》	现场检查	□是　□否	
		II	②端子箱采用点胶的防水密封技术，确保防水密封寿命大于15年的IP44的防水防尘可靠性，户外汇控箱或机构箱的防护等级应不低于IP45W，带有智能终端、合并单元的智能控制柜防护等级应不低于IP55	《国家电网公司变电验收管理规定（试行）》《国家电网有限公司十八项电网重大反事故措施（2018年修订版）》	现场检查	□是　□否	
		II	③端子箱门和箱体结合面压力应均匀，密封良好，应能防风沙、防腐、防潮；户外汇控箱或机构箱箱体应设置可使箱内空气流通的迷宫式通风口，并具有防腐、防雨、防风、防潮、防尘和防小动物进入的功能	《国家电网公司变电验收管理规定（试行）》《国家电网有限公司十八项电网重大反事故措施（2018年修订版）》	现场检查	□是　□否	
		I	④端子箱、动力箱前、后箱门各设把手及碰锁，开启和关闭箱门后，箱门应保持平整不变	《国家电网公司变电验收管理规定（试行）》	现场检查	□是　□否	
		III	⑤应有明显的一次接地桩或接地标志，接地接触面不小于一次设备接地规程要求	《国家电网公司变电验收管理规定（试行）》	现场检查	□是　□否	
		II	⑥柜门应卷出排水槽。顶上采用屋檐式结构，以防止雨水存积	《国家电网公司变电验收管理规定（试行）》	现场检查	□是　□否	
		I	⑦外观完好，无锈蚀、变形等缺陷，规格符合设计要求，且厚度≥2mm	《国家电网公司变电验收管理规定（试行）》	现场检查	□是　□否	

续表

序号	监督项目	权重	监 督 标 准	监 督 依 据	监督方式	是否合格	监督问题说明
13.1.2	密封检查	II	①密封良好，内部无进水、受潮、锈蚀现象	《国家电网公司变电验收管理规定（试行）》	现场检查	□是　□否	
		II	②端子箱内电缆孔洞应用防火堵料封堵，必要时用防火板等绝缘材料封堵后再用防火堵料堵严密，以防止发生堵料塌陷	《国家电网公司变电验收管理规定（试行）》	现场检查	□是　□否	
		I	③通风口无异物，通风完好	《国家电网公司变电验收管理规定（试行）》	现场检查	□是　□否	
13.1.3	接线检查	III	①接线规范、美观，二次线必须穿有清晰的标号牌，清楚注明二次线的对侧端子排号及二次回路号；电缆牌内容正确、规范，悬挂准确、整齐，清楚注明二次电缆的型号、两侧所接位置；与设计图纸相符，箱内元器件标签齐全、命名正确	《国家电网公司变电验收管理规定（试行）》	现场检查	□是　□否	
		II	②端子箱接线布置规范，电缆芯外露不大于5mm，无短路接地隐患	《国家电网公司变电验收管理规定（试行）》	现场检查	□是　□否	
		IV	③端子排正、负电源之间以及正电源与分、合闸回路之间，宜以空端子或绝缘隔板隔开	《国家电网公司变电验收管理规定（试行）》	现场检查	□是　□否	
		II	④二次电缆备用芯线头应进行单根绝缘包扎处理，严禁成捆绝缘包扎处理，低压交流电缆相序标志清楚	《国家电网公司变电验收管理规定（试行）》	现场检查	□是　□否	
		IV	⑤每个接线端子仅能压接一根导线	《国家电网公司变电验收管理规定（试行）》	现场检查	□是　□否	
		IV	⑥智能柜内的光纤应完好、弯曲度应符合设计要求；柜内温、湿度信号应上传至后台或远方，并显示正确	《国家电网公司变电验收管理规定（试行）》	现场检查	□是　□否	
13.1.4	驱潮加热装置检查	III	①驱潮加热装置完备、运行良好，温度、湿度设定正确，按规定投退。加热器与各元件、电缆及电线的距离应大于50mm	《国家电网公司变电验收管理规定（试行）》	现场检查	□是　□否	

序号	监督项目	权重	监 督 标 准	监 督 依 据	监督方式	是否合格	监督问题说明
13.1.4	驱潮加热装置检查	II	②非一体化的汇控箱与机构箱应分别设置温度、湿度控制装置	《国家电网公司变电验收管理规定（试行）》《国家电网有限公司十八项电网重大反事故措施（2018年修订版）》	现场检查	□是　□否	
13.1.5	空气开关检查	II	①端子箱二次空气开关位置正确、标志清晰、布局合理、固定牢固，外观无异常，应满足运行、维护要求	《国家电网公司变电验收管理规定（试行）》	现场检查	□是　□否	
		III	②级差配合试验检查合格，符合要求	《国家电网公司变电验收管理规定（试行）》	资料检查	□是　□否	
		II	③敞开式设备同一间隔多台隔离开关电机电源，在端子箱内必须分别设置独立的开断设备	《国家电网公司变电验收管理规定（试行）》	现场检查	□是　□否	
13.1.6	安装检查	I	①安装牢固，安装位置便于检查，成列安装时，排列整齐，端子箱应上锁	《国家电网公司变电验收管理规定（试行）》	现场检查	□是　□否	
		III	②端子箱箱体接地，箱内二次接地良好；箱门与箱体连接良好，锁具完好	《国家电网公司变电验收管理规定（试行）》	现场检查	□是　□否	
13.1.7	反措检查	III	①现场端子排不应交、直流混装，变电站内端子箱、机构箱、智能控制柜、汇控柜等屏柜内的交直流接线，不应接在同一段端子排上	《国家电网有限公司十八项电网重大反事故措施（2018年修订版）》	现场检查	□是　□否	
		IV	②接地符合规范要求，接有二次电缆的开关场就地端子箱内（汇控柜、智能控制柜）应设有铜排（不要求与端子箱外壳绝缘），二次电缆屏蔽层、保护装置及辅助装置接地端子、屏柜本体通过铜排接地，且接地线应不小于 $4mm^2$；铜排截面积应不小于 $100mm^2$，一般设置在端子箱下部，通过截面积不小于 $100mm^2$ 的铜缆与电缆沟内不小于的 $100mm^2$ 的专用铜排（缆）及变电站主地网相连。箱门、箱体间接地连线完好且截面积不小于 $4mm^2$	《国家电网有限公司十八项电网重大反事故措施（2018年修订版）》	现场检查	□是　□否	

续表

序号	监督项目	权重	监督标准	监督依据	监督方式	是否合格	监督问题说明
13.1.7	反措检查	III	③直流回路严禁使用交流快分开关，禁止使用交、直流两用快分开关	《国家电网公司变电验收管理规定（试行）》	现场检查	□是 □否	
		III	④由一次设备（如变压器、断路器、隔离开关和电流、电压互感器等）直接引出的二次电缆的屏蔽层应使用截面积不小于 4mm² 多股铜质软导线仅在就地端子箱处一点接地，在一次设备的接线盒（箱）处不接地；二次电缆经金属管从一次设备的接线盒（箱）引至电缆沟，并将金属管的上端与一次设备的底座或金属外壳良好焊接，金属管另一端应在距一次设备 3～5m 之外与主接地网焊接	《国家电网有限公司十八项电网重大反事故措施（2018 年修订版）》	现场检查	□是 □否	
13.1.8	切换开关及分、合闸按钮检查	II	①检查外观标志清晰、位置切换正确，分、合闸开关应使用切换开关，不得使用按钮	《国家电网公司变电验收管理规定（试行）》	现场检查	□是 □否	
		II	②有电动控制时，应具备 "远方" "就地" 操作方式，并有相应的切换开关，解锁钥匙唯一	《国家电网公司变电验收管理规定（试行）》	现场检查	□是 □否	
13.1.9	二次元件检查	II	端子箱内二次元件完整、齐全、接线正确，无异常放电等声响，无形变及发热现象	《国家电网公司变电验收管理规定（试行）》	现场检查	□是 □否	
13.1.10	绝缘检查	II	①二次接线用 1000V 绝缘电阻表测量，要求大于 10MΩ	《国家电网公司变电验收管理规定（试行）》	资料检查	□是 □否	
		II	②箱内母线（如有）对地绝缘可靠，母线无裸露导体	《国家电网公司变电验收管理规定（试行）》	资料检查、现场检查	□是 □否	
		II	③箱内端子排绝缘完好，接线端子及螺栓无锈蚀	《国家电网公司变电验收管理规定（试行）》	现场检查	□是 □否	
13.1.11	箱内照明检查（有照明时）	I	箱内照明完好，箱门启动或箱内启动照明功能正常	《国家电网公司变电验收管理规定（试行）》	现场检查	□是 □否	

续表

序号	监督项目	权重	监督标准	监督依据	监督方式	是否合格	监督问题说明
13.2	**检修电源箱检查**						
13.2.1	箱体检查	I	①设备出厂铭牌齐全、清晰可识别，箱体正门应具有限位功能	《国家电网公司变电验收管理规定（试行）》	现场检查	□是　□否	
		II	②检修电源箱采用点胶的防水密封技术，确保防水密封寿命大于15年的IP44的防水防尘可靠性	《国家电网公司变电验收管理规定（试行）》	现场检查	□是　□否	
		II	③箱门和箱体结合面压力应均匀，密封良好，应能防风沙、防腐、防潮	《国家电网公司变电验收管理规定（试行）》	现场检查	□是　□否	
		III	④应有明显的一次接地桩或接地标志，接地接触面不小于一次设备接地规程要求，且应对接地排进行防腐处理	《国家电网公司变电验收管理规定（试行）》	现场检查	□是　□否	
		II	⑤柜门应卷出排水槽。顶上采用屋檐式结构，以防止雨水存积	《国家电网公司变电验收管理规定（试行）》	现场检查	□是　□否	
		II	⑥检修电源箱门侧面应留有临时电源接入穿孔，并配有绝缘护套及防尘措施	《国家电网公司变电验收管理规定（试行）》	现场检查	□是　□否	
13.2.2	密封检查	II	①密封良好，内部无进水、受潮、锈蚀现象	《国家电网公司变电验收管理规定（试行）》	现场检查	□是　□否	
		II	②箱内电缆孔洞应用防火堵料封堵，必要时用防火板等绝缘材料堵后再用防火堵料封堵严密，以防止发生堵料塌陷	《国家电网公司变电验收管理规定（试行）》	现场检查	□是　□否	
		I	③通风口无异物，通风完好	《国家电网公司变电验收管理规定（试行）》	现场检查	□是　□否	
13.2.3	空气开关检查	II	①空气开关运行正常；漏电保安器运行可靠	《国家电网公司变电验收管理规定（试行）》	现场检查	□是　□否	
		III	②级差配合试验检查合格，符合要求	《国家电网公司变电验收管理规定（试行）》	资料检查	□是　□否	

序号	监督项目	权重	监督标准	监督依据	监督方式	是否合格	监督问题说明
13.2.4	安装检查	I	①安装牢固，安装位置便于检查；成列安装时，排列整齐，检修电源箱应上锁	《国家电网公司变电验收管理规定（试行）》	现场检查	□是　□否	
		III	②检修电源箱箱体接地，箱内二次接地良好，箱门与箱体连接良好，锁具完好	《国家电网公司变电验收管理规定（试行）》	现场检查	□是　□否	
		III	③检修电源箱内电源母线排应装设绝缘挡板，并安装牢固	《国家电网公司变电验收管理规定（试行）》	现场检查	□是　□否	
13.2.5	检修用接线端子及插孔设置检查	II	接线端子及插孔设置数量满足多专业共同检修工作要求	《国家电网公司变电验收管理规定（试行）》	现场检查	□是　□否	
13.2.6	漏电保安器带电试验（适用于检修电源箱）	III	能可靠动作，无异常声音，无过热现象，电缆接线压接应牢固	《国家电网公司变电验收管理规定（试行）》	现场检查	□是　□否	
13.2.7	漏电保安器漏电试验（适用于检修电源箱）	III	模拟短路或接地故障，动作值满足小于30mA，100ms	《国家电网公司变电验收管理规定（试行）》	资料检查	□是　□否	
13.2.8	绝缘检查	II	①二次接线用1000绝缘电阻表测量，要求大于10MΩ	《国家电网公司变电验收管理规定（试行）》	资料检查	□是　□否	
		II	②箱内母线（如有）对地绝缘可靠，母线无裸露导体	《国家电网公司变电验收管理规定（试行）》	资料检查、现场检查	□是　□否	
13.2.9	箱内照明检查（有照明时）	I	箱内照明完好，箱门启动或箱内启动照明功能正常	《国家电网公司变电验收管理规定（试行）》	现场检查	□是　□否	
13.2.10	驱潮加热装置检查	III	驱潮加热装置完备、运行良好，温度、湿度设定正确，按规定投退。加热器与各元件、电缆及电线的距离应大于50mm	《国家电网公司变电验收管理规定（试行）》	现场检查	□是　□否	

14 电 缆 检 查

序号	监督项目	权重	监 督 标 准	监 督 依 据	监督方式	是否合格	监督问题说明
14.1	**设备外观检查**						
14.1.1	电缆本体	I	①标牌及标志清晰、明确，标牌应写明起止设备名称、电缆型号、长度等信息	《国家电网公司变电验收管理规定（试行)》	现场检查	□是　□否	
		II	②电缆按要求涂刷防火涂料	《国家电网公司变电验收管理规定（试行)》	现场检查	□是　□否	
		II	③单芯电缆固定应采用非导磁性固定夹具将电缆固定在电缆支架上	《国家电网公司变电验收管理规定（试行)》	现场检查	□是　□否	
		I	④相序标志清晰正确	《国家电网公司变电验收管理规定（试行)》	现场检查	□是　□否	
		IV	⑤同通道敷设的电缆应按电压等级的高低从下向上分层布置，不同电压等级电缆间宜设置防火隔板等防护措施	《电气装置安装工程电缆线路施工及验收规范》（GB 50168—2006)	现场检查	□是　□否	
		II	⑥交流单芯电缆穿越的闭合管、孔应采用非铁磁性材料	《电力电缆及通道运维规程》（Q/GDW 1512—2014)	现场检查	□是　□否	
14.1.2	电缆附件	II	①终端表面干净、无污秽、密封完好，终端绝缘管材无开裂，套管及支撑绝缘子无损伤	《国家电网公司变电验收管理规定（试行)》	现场检查	□是　□否	
		I	②电气连接点固定件无松动、无锈蚀，电缆头接线端子材料应选择正确，压接可靠，单芯电缆终端头端子接引应使用双螺栓固定	《国家电网公司变电验收管理规定（试行)》	现场检查	□是　□否	
		II	③室外构架电缆必须加装防撞护套	《国家电网公司变电验收管理规定（试行)》	现场检查	□是　□否	

续表

序号	监督项目	权重	监督标准	监督依据	监督方式	是否合格	监督问题说明
14.1.2	电缆附件	II	④室外电缆终端应有防水措施	《国家电网公司变电验收管理规定（试行）》	现场检查	□是　□否	
		IV	⑤充有绝缘剂的电缆终端和电缆接头不应有渗漏现象	《电气装置安装工程电缆线路施工及验收规范》（GB 50168—2006）	现场检查	□是　□否	
		II	⑥电缆附件应有铭牌，铭牌应内容规范且字迹清晰	《电力电缆及通道运维规程》（Q/GDW 1512—2014）	现场检查	□是　□否	
		III	⑦在高速公路、铁路等局部污秽严重的区域，应对电缆终端套管涂上防污涂料，或者适当增加套管的绝缘等级	《电力电缆及通道运维规程》（Q/GDW 1512—2014）	现场检查	□是　□否	
		I	⑧电缆终端上应有明显的相色标志，且应与系统的相位一致	《电力电缆及通道运维规程》（Q/GDW 1512—2014）	现场检查	□是　□否	
		III	⑨电缆终端法兰盘（分支手套）下应有不小于1m 的垂直段，且刚性固定应不少于 2 处。电缆终端处应预留适量电缆，长度不小于制作一个电缆终端的裕度	《电力电缆及通道运维规程》（Q/GDW 1512—2014）	现场检查	□是　□否	
14.1.3	附属设备	IV	①金属护层采取交叉互联方式时，应逐相进行导通测试，确保连接方式正确	《国家电网公司十八项电网重大反事故措施（2018 年修订版）》	现场检查	□是　□否	
		I	②接地箱、交叉互联箱内连接应与设计相符，铜牌连接螺栓应拧紧，连接螺栓无锈蚀现象。箱体完整，门锁完好，开关方便	《电力电缆及通道运维规程》（Q/GDW 1512—2014）	现场检查	□是　□否	
		II	③接地箱、交叉互联箱内电气连接部分应与箱体绝缘。箱体本体不得选用铁磁材料，并应密封良好，固定牢固可靠，满足长期浸水要求，防护等级不低于 IP68	《电力电缆及通道运维规程》（Q/GDW 1512—2014）	现场检查	□是　□否	
		III	④电缆护层过电压限制器和电缆金属护层连接线不应过远，宜在 5m 内	《电力电缆及通道运维规程》（Q/GDW 1512—2014）	现场检查	□是　□否	

序号	监督项目	权重	监 督 标 准	监 督 依 据	监督方式	是否合格	监督问题说明
14.1.3	附属设备	I	⑤接地箱、交叉互联箱箱体正面应有设备铭牌，铭牌上应有换位或接地示意图、额定短路电流、生产厂家、出厂日期、防护等级等信息	《电力电缆及通道运维规程》(Q/GDW 1512—2014)	现场检查	□是 □否	
14.1.4	附属设施	I	①电缆支架的钢材应平直，无明显扭曲，切口应无卷边、毛刺	《电气装置安装工程电缆线路施工及验收规范》(GB 50168—2006)	现场检查	□是 □否	
		II	②电缆沟内应无杂物，无积水，盖板齐全；隧道内应无杂物，照明、通风、排水等设施应符合设计要求	《电气装置安装工程电缆线路施工及验收规范》(GB 50168—2006)	现场检查	□是 □否	
		III	③电缆金属支架必须进行防腐处理；位于湿热、盐雾以及有化学腐蚀地区时，应根据设计做特殊防腐处理	《电气装置安装工程电缆线路施工及验收规范》(GB 50168—2006)	现场检查	□是 □否	
		III	④66kV 及以上电缆应采用金属支架	《电力电缆及通道运维规程》(Q/GDW 1512—2014)	现场检查	□是 □否	
		III	⑤分相布置的单芯电缆，其支架应采用非铁磁性材料	《电力电缆及通道运维规程》(Q/GDW 1512—2014)	现场检查	□是 □否	
		II	⑥66kV 及以上高压电缆不应小于 2 倍电缆外径加 50mm	《电力电缆及通道运维规程》(Q/GDW 1512—2014)	现场检查	□是 □否	
		III	⑦电缆支架应安装牢固，横平竖直，托架支吊架的固定方式应按设计要求进行。各支架的同层横档应在同一水平面上，其高低偏差不应大于5mm。托架支吊架沿桥架走向左右的偏差不应大于10mm	《电力电缆及通道运维规程》(Q/GDW 1512—2014)	现场检查	□是 □否	
		III	⑧金属电缆支架全线均应有良好的接地	《电力电缆及通道运维规程》(Q/GDW 1512—2014)	现场检查	□是 □否	
14.1.5	接地系统	II	①地线连接紧固可靠	《国家电网公司变电验收管理规定（试行）》	现场检查	□是 □否	

续表

序号	监督项目	权重	监督标准	监督依据	监督方式	是否合格	监督问题说明
14.1.5	接地系统	II	②接地扁铁无锈蚀	《国家电网公司变电验收管理规定（试行）》	现场检查	□是 □否	
		III	③三芯电缆应按设计要求进行接地	《国家电网公司变电验收管理规定（试行）》	现场检查	□是 □否	
		IV	④交流单芯电缆金属护套的接地方式，应按规程接地和设置护层保护器，金属护套或屏蔽层在线路上至少有一点直接接地	《国家电网公司变电验收管理规定（试行）》	现场检查	□是 □否	
		III	⑤护层保护器与电缆金属护套的连接线应尽可能短。连接线的绝缘水平不得小于电缆外护套的绝缘水平。连接线截面应满足系统单相接地电流通过时的热稳定要求	《国家电网公司变电验收管理规定（试行）》	现场检查	□是 □否	
		II	⑥电缆接地箱外观无损坏、缺失，接地良好	《国家电网公司变电验收管理规定（试行）》	现场检查	□是 □否	
14.1.6	电缆通道	II	①电缆走向与路径应与设计保持一致，电缆路径地面应设置永久标志	《国家电网公司变电验收管理规定（试行）》	现场检查	□是 □否	
		II	②敷设方式及通道应结合环境特点并满足设备运维要求，通道应进行有效防水封堵。在电缆穿过墙壁、楼板或进入电气盘、柜的孔洞处，用防火堵料密实封堵，电缆沟使用防火堵料处的沟盖板应正确使用标示	《国家电网公司变电验收管理规定（试行）》	现场检查	□是 □否	
14.1.7	电缆沟、隧道	I	①电缆沟内应无杂物，无积水，盖板齐全	《电气装置安装工程电缆线路施工及验收规范》（GB 50168—2006）	现场检查	□是 □否	
		II	②隧道内应无杂物，照明、通风、排水等设施应符合设计要求	《电气装置安装工程电缆线路施工及验收规范》（GB 50168—2006）	现场检查	□是 □否	
14.1.8	防水、防火措施	III	①有防水要求的电缆应有纵向和径向阻水措施。电缆接头的防水应采用铜套，必要时可增加玻璃钢防水外壳	《电力电缆及通道运维规程》（Q/GDW 1512—2014）	现场检查	□是 □否	

续表

序号	监督项目	权重	监 督 标 准	监 督 依 据	监督方式	是否合格	监督问题说明
14.1.8	防水、防火措施	III	②有防火要求的电缆，除选用阻燃外护套外，还应在电缆通道内采取必要的防火措施	《电力电缆及通道运维规程》（Q/GDW 1512—2014）	现场检查	□是　□否	
		III	③在隧道、电缆沟、变电站夹层和进出线等电缆密集区域，应采用阻燃电缆或采取防火措施	《电力电缆及通道运维规程》（Q/GDW 1512—2014）	现场检查	□是　□否	
		III	④在封堵电缆孔洞时，封堵应严实可靠，不应有明显的裂缝和可见的缝隙，孔洞较大者应加耐火衬板后再进行封堵	《电力电缆及通道运维规程》（Q/GDW 1512—2014）	现场检查	□是　□否	
		IV	⑤电缆线路的防火设施应与主体工程同时设计、同时施工、同时验收，防火设施未验收合格的电缆线路不可投入运行	《国家电网公司十八项电网重大反事故措施（2018 年修订版）》	现场检查	□是　□否	
14.2　交接试验检查							
14.2.1	交流耐压试验	IV	①30kV 及以下电缆施加 20～300Hz 交流电压 2.5U_0（2U_0），持续 5（60）min，绝缘不发生击穿，试验前后绝缘电阻应无明显变化	《国家电网公司变电验收管理规定（试行）》	资料检查	□是　□否	
			②35～110kV 及以下电缆施加 20～300Hz 交流电压 2U_0，持续 60min，绝缘不发生击穿，试验前后绝缘电阻应无明显变化	《国家电网公司变电验收管理规定（试行）》	资料检查	□是　□否	
			③220kV 电缆施加 20～300Hz 交流电压 1.7 U_0，持续 60min，绝缘不发生击穿，试验前后绝缘电阻应无明显变化	《国家电网公司变电验收管理规定（试行）》	资料检查	□是　□否	
14.2.2	局部放电检测试验	IV	66kV 及以上电缆交接时应增加局部放电检测试验，试验数值应满足运行要求	《国家电网公司变电验收管理规定（试行）》	资料检查	□是　□否	
14.2.3	检查相位	III	检查电缆线路的两端相位应一致，并与电网相位相符合	《国家电网公司变电验收管理规定（试行）》	资料检查	□是　□否	

续表

序号	监督项目	权重	监督标准	监督依据	监督方式	是否合格	监督问题说明
14.2.4	绝缘电阻	III	10kV 及以上电缆用 2500 或 5000V 绝缘电阻表测量各电缆导体对地或对金属屏蔽层间和各导体间的绝缘电阻，耐压前后绝缘电阻测量应无明显变化，与出厂值比较应无明显变化。电力电缆外护套、内衬层的测量用 500V 绝缘电阻表，绝缘电阻不低于 0.5MΩ·km	《国家电网公司变电验收管理规定（试行）》	资料检查	□是　□否	
14.2.5	护层保护器	III	①绝缘电阻：用 500V 绝缘电阻表测量，绝缘电阻不小于 10MΩ	《国家电网公司变电验收管理规定（试行）》	资料检查	□是　□否	
		III	②测试直流 1mA 动作电压 U_{1mA}：$0.75U_{1mA}$ 泄漏电流不大于 50μA	《国家电网公司变电验收管理规定（试行）》	资料检查	□是　□否	
14.2.6	电缆外护套电气试验	IV	对单芯电缆在金属套和外护套表面导电层之间以金属套接负极施加直流电压 10kV，1min，外护套不击穿	《国家电网公司变电验收管理规定（试行）》	资料检查	□是　□否	
14.3　资料检查							
14.3.1	资料及文件验收	II	①在电缆线路工程验收时，应提交直埋电缆走向图	《电气装置安装工程电缆线路施工及验收规范》(GB 50168—2006)	资料检查	□是　□否	
		II	②电缆线路竣工图纸和路径图的比例尺一般为 1:500，地下管线密集地段为 1:100，管线稀少地段为 1:1000；在房屋内及变电站附近的路径用 1:50 的比例尺绘制	《电力电缆及通道运维规程》(Q/GDW 1512—2014)	资料检查	□是　□否	
		II	③平行敷设的电缆线路必须标明各条线路相对位置，并标明地下管线剖面图	《电力电缆及通道运维规程》(Q/GDW 1512—2014)	资料检查	□是　□否	
		II	④电缆线路的原始记录应包括电缆的型号、规格及其实际敷设总长度及分段长度，终端和接头的型式及安装日期，终端和接头中填充的绝缘材料名称、型号	《10（6）kV～500kV 电缆技术标准》(Q/GDW 371—2009)	资料检查	□是　□否	

续表

序号	监督项目	权重	监 督 标 准	监 督 依 据	监督方式	是否合格	监督问题说明
14.3.1	资料及文件验收	II	⑤交接试验报告	《10（6）kV～500kV 电缆技术标准》（Q/GDW 371—2009）	资料检查	□是 □否	
		II	⑥隐蔽工程应有中间验收记录及签证书	《电力电缆及通道运维规程》（Q/GDW 1512—2014）	资料检查	□是 □否	
		II	⑦防火阻燃材料必须符合产品技术标准要求，并具备有资质的检测机构出具的检测报告、出厂质量检验报告和产品合格证	《10（6）kV～500kV 电缆技术标准》（Q/GDW 371—2009）	资料检查	□是 □否	